3편 블루투스/자율주행자동차
스마트폰 앱 만들기

아두이노 내친구 〈3편〉
블루투스/자율 주행 자동차 스마트 폰 앱 만들기

2017년 12월 26일 1판 1쇄 발행

저　　자　양세훈
발 행 자　김남일
기　　획　김종훈
마 케 팅　정지숙
디 자 인　디자인클립

발 행 처　TOMATO
주　　소　서울 동대문구 왕산로 225
전　　화　0502.600.4925
팩　　스　0502.600.4924
Website　www.tomatobooks.co.kr
e—mail　tomatobooks@naver.com

© 양세훈 2017. Printed in Korea
카페 / http://cafe.naver.com/arduinofun

ISBN　978-89-91068-77-3

3편 블루투스/자율주행 자동차 스마트폰 앱 만들기

양세훈 저

TOMATOBOOK
PUBLISHING COMPANY

머리말

엄마 아빠가 학교에 다니던 시대에는 스마트폰은 없었고 로봇 태권 V가 있었다. 만화와 애니메이션에서만 존재했던 로봇이 이제 세상 밖으로 나오고 있다. 우리 아이들이 살아나갈 세상은 현재와는 훨씬 다른 세계일 것은 분명하다.

미국 오바마 대통령은 게임을 하지만 말고 직접 만들 줄 알아야 한다고 강조하고 있고, 영국에서는 국영 방송사인 BBC를 중심으로 산업계, 학계 및 단체들이 재단을 구성하여 마이크로비트라는 전자키트를 개발하여 모든 중학생들에게 무료 배포하면서 전국적인 코딩과 하드웨어 교육을 추진하고 있다.

이제 우리 아이들은 코딩을 모르면 안 되는 시대에 살아가게 되었는데, 무엇을 어떻게 공부해야 하는지 아직 구체적인 내용이 뚜렷하지 않아 부모들은 크게 우려하고 있다.

우리 아이들은 알파고가 자리를 대신할 수 있는 일을 하면 안 된다. 알파고와 같은 인공지능 기계를 부리면서 세상을 리드할 인재가 되려면 아두이노를 배워야 한다.

학생들이 새로운 학과목을 시작할 때 흥미롭게 입문한 과목은 항상 성적도 좋지만, 지루하거나 답답하게 시작한 과목은 나중에도 좀처럼 좋은 성적이 나오지 않는다.

코딩에 입문할 때도 상황은 같다. 처음부터 흥미롭게 시작하지 못하면 지루하고 어렵고 딱딱한 과목이 되어 버린다. 코딩은 재미있는 프로젝트를 직접 수행하면서 실력을 쌓는 것이 가장 좋은 방법이다.

지금도 실리콘 밸리, 영국의 런던, 핀란드의 헬싱키에서 탄생하는 유망 기업들은 모두 코딩 기술을 바탕으로 하고 있다는 공통점을 가지고 있다.

사회 변화의 물결은 이미 시작되었다. 기존의 것 중에 약하거나 비효율적인 것은 없어지거나 무너지게 되어 있다.

우리 아이들이 전 세계적으로 가장 유명한 아두이노 코딩과 전자보드를 배워서 머지않은 훗날 스티브 잡스, 일론 머스크 같은 세계 역사를 새로 쓰는 사람으로 성장하길 바라며 이 책을 집필하였다.

저자 양 세 훈

책에 대하여

4차 산업혁명의 핵심은 IOT(사물 인터넷)이다.

독일이 국가적 차원에서 현재 전력 질주하고 있는 인더스트리 4.0의 실체는 모든 생활과 산업에 IOT를 결합하는 것이다.

아두이노는 IOT를 직접 다룰 수 있게 해주는 가장 좋은 코딩이며 하드웨어이다.

이 책에서 다룬 초음파 기술은 의료, 자동차를 비롯한 많은 첨단 기술 분야에 사용되고 있고 그 응용이 계속 확대되고 있다.

초음파 기술을 사용하여 장애물을 피하면서 자율 주행하는 자동차를 만들어 움직이는 물체에서의 초음파 기술을 소개하였다.

블루투스는 이제 모든 스마트폰에 있는 기본 사양이 되었다.

앞에서 만든 자동차에 블루투스 모듈을 연결하여 블루투스 무선조종 자동차를 만드는 것이 두 번째 프로젝트이다.

직접 만들어 보면 어렵지 않다는 것을 알 수 있고 이 기술을 바탕으로 다른 많은 창작물을 제작할 수 있다.

스마트폰 앱을 만들어 사용할 수 있는 방법도 매우 상세하게 설명하였다.

앱은 구글플레이에서 "아두이노 내친구"를 입력하면 나오는 블루투스카를 사용해도 되고, http://cafe.naver.com/arduinofun에서 앱 파일을 다운 받아서 사용할 수도 있다.

그동안 꾸준하게 성원을 보내준 독자들께 진심으로 감사드린다. 덕분에 《아두이노 내친구》 자동차 시리즈 3편인『블루투스/자율주행 자동차 및 스마트폰 앱 만들기』의 집필을 완성할 수 있었다.

아두이노 내친구 ㅋ편

ARDUINO

3 스마트폰 앱 만들고 자동차 컨트롤하기

아두이노 내친구 크편

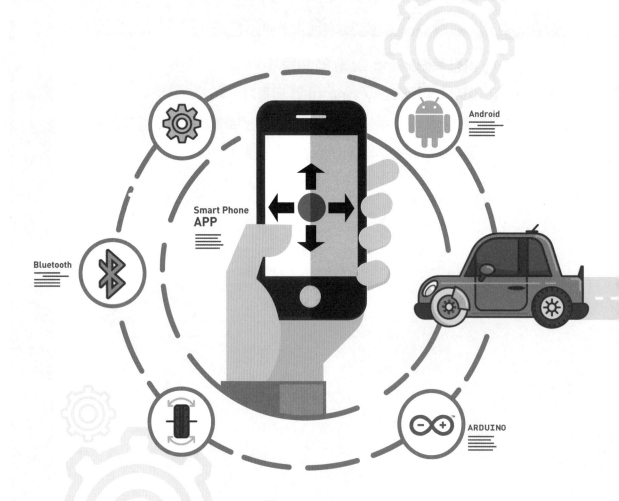

초음파 자율 주행 자동차

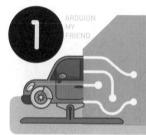

초음파 센서의 원리 및 응용분야

 1 | 초음파 센서의 원리

돌고래나 박쥐와 같은 동물들은 높은 주파수의 음파(소리)인 초음파를 사용하여 어두운 곳에서도 앞에 있는 장애물이나 먹잇감을 감지할 수 있다.

초음파를 발생시킨 후 물체에서 반사되어 되돌아오는 초음파를 분석하여 몇 미터 앞에 어떤 물체가 있다는 것을 파악하는 것이다.

초음파 센서는 전자장치에서 초음파를 발생시킨 후 초음파가 되돌아오는 시간을 측정한다.

초음파를 비롯한 음파는 1초에 340 속도로 이동하므로 시간을 알면 거리를 계산할 수 있다.

거리 = 속도 X 시간

그림 1-1-1에서 보면 초음파 센서의 TX에서 초음파를 발생시키고 RX에서 되돌아오는 초음파를 받는다.

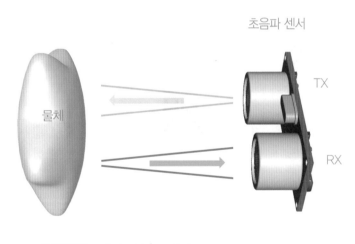

초음파 센서

물체

TX

RX

그림 1-1-1 초음파 센서 작동 원리

초음파는?

사람이 들을 수 있는 음파의 주파수는 최대 2만 헤르츠 정도이다. 초음파는 2만 헤르츠 이상 높은 주파수의 소리이다.

- **RX**: Receive(수신)의 약자. ···▶ 받는 곳
- **TX**: Transmit(송신)의 약자. ···▶ 보내는 곳

초음파 자율 주행 자동차

2 | 초음파 센서 응용 분야

초음파 기술은 우리 일상생활 곳곳에 사용되고 있다.

초음파 센서는 의료분야에서 신체 내부를 검사하는 장비로 사용된다. 목 안의 갑상선에 이상이 있는지 파악하거나 태아의 건강상태를 파악할 때도 사용한다. 임산부나 태아에게 전혀 피해를 주지 않는 매우 안전한 검사장비이다. 〈그림 1-1-2〉

그림 1-1-2 초음파 의료 장비

일상생활용으로 자동차가 후진할 때 사람이나 장애물이 있으면 경고음을 발생시킨다. 조금 떨어져 있으면 낮은 박자의 경고음을, 물체가 아주 가까우면 매우 높은 경고음이 나온다. 〈그림 1-1-3〉

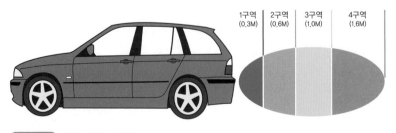

그림 1-1-3 초음파 경고 장치

산업용으로는 종이나 철판이 원통형에서 풀려나갈 때 원통의 두께를 측정하여 종이나 철판이 얼마나 남아 있는지를 파악할 수 있게 해준다. 그 이외에도 널빤지가 쌓여갈 때 높이나 통에서 물이 빠져나갈 때 물 높이, 벨트에서 물건이 지나가는 개수 측정에도 사용된다. 〈그림 1-1-4〉

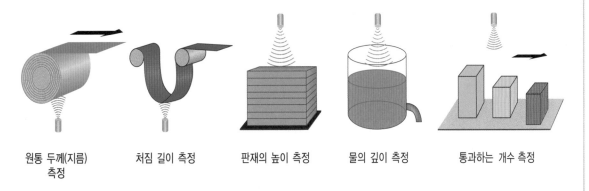

원통 두께(지름) 처짐 길이 측정 판재의 높이 측정 물의 깊이 측정 통과하는 개수 측정
측정

그림 1-1-4 산업용 초음파 장치

라이브러리 사용하기

초음파 센서 라이브러리를 활용하면 스케치 코드 작성이 훨씬 편하고 간결해진다.

라이브러리를 사용하지 않고 코드를 작성하는 방법에 대하여 설명하였지만, 먼저 라이브러리를 사용하여 스케치를 만드는 방법부터 알아보자.

방법을 정리하면 아래와 같고, 이어서 자세한 설명을 하였다.

1. 구글에서 라이브러리 이름인 newping library를 입력한 다음, 나타나는 사이트 중에서 Arduino Playground-NewPing을 클릭한다. 〈그림 1-2-1〉

2. 열린 아두이노 사이트에서 Download NewPing Library를 클릭하면 다운로드 할 수 있는 페이지가 나온다. 여기에서 가장 최근 버전을 선택하여 다운로드 하면 된다. 〈그림 1-2-2, 1-2-3〉

3. 다운로드한 파일을 아두이노 IDE에 설치하는 방법은 IDE 메뉴에서 스케치 → 라이브러리 포함하기 → .ZIP 라이브러리 추가를 클릭하여 열리는 창에서 다운로드한 ZIP 파일을 선택해주면 된다. 〈그림 1-2-4, 1-2-5〉

라이브러리 다운로드 방법을 직접 볼 수 있도록 캡처하여 다시 설명하였다.

1 구글에서 라이브러리 이름을 newping library라고 입력하고, 나타나는 사이트 중에서 Arduino Playground−NewPing을 클릭한다. 〈그림 1-2-1〉

About 35,600 results (0.58 seconds)

Arduino Playground - NewPing Library
playground.arduino.cc/Code/NewPing ▼
Feb 24, 2017 - I soon realized the problem wasn't the sensor,
libraries causing the problem. The **NewPing library** ...
Histor... ...kground · Features · Download
You... ...this page 2 times. Last visit: 2/23/17

클릭

그림1-2-1 구글 라이브러리에서 사이트 찾기

2 열린 아두이노 사이트에서 Download NewPing Library를 클릭하여 페이지를 내려가면 그림 1-2-2처럼 다운로드(Download)라는 곳이 나온다.
화살 표시로 가리킨 곳을 클릭하면 그림 1-2-3의 다운로드 할 수 있는 곳이 나온다.
여기에 있는 가장 최근 버전을 선택 클릭하면 된다.

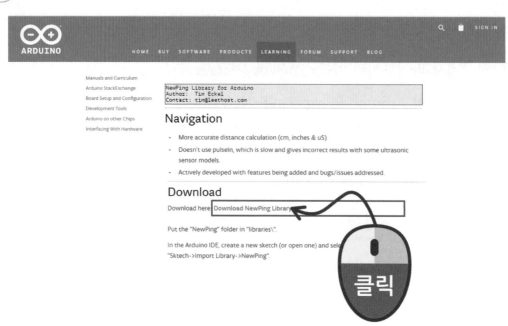

그림 1-2-2 라이브러리 다운로드 가이드

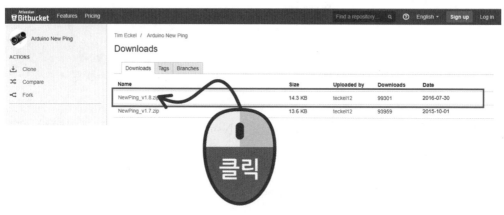

그림 1-2-3 라이브러리 다운로드 선택

③ 다운로드한 라이브러리 파일을 스케치를 작성하는 아두이노 IDE에 포함해야 사용할 수 있다.

그림 1-2-4와 같이 IDE 상단 메뉴 바에서 스케치를 클릭하여 세부 메뉴로 들어가서 라이브러리 포함하기를 거쳐 .ZIP 라이브러리 추가를 선택한다. 그러면 라이브러리를 선택하라는 창이 나온다.

그림 1-2-5에 있는 것과 같은 다운로드된 NewPing 라이브러리를 선택해 주면 자동으로 IDE에 들어간다.
그리고 IDE 하단에 다음과 같은 문구가 나온다.
라이브러리가 추가되었습니다. "라이브리 포함하기" 메뉴를 확인하세요.

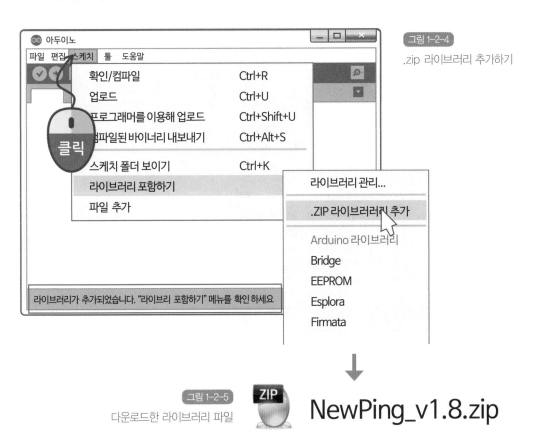

그림 1-2-4
.zip 라이브러리 추가하기

그림 1-2-5
다운로드한 라이브러리 파일

NewPing_v1.8.zip

초음파 자율 주행 자동차

| 확인

IDE 상단 메뉴 바에서 파일 메뉴를 클릭하고 그림 1-2-6처럼 세부 메뉴로 들어간다. 예제를 보면 NewPing이 들어와 있는 것을 볼 수 있다. 여기에 있는 예제 스케치인 NewPingExample을 클릭하여 열어보면 그림 1-2-7과 같은 스케치가 나온다.

이 스케치를 사용하기에 앞서 라인 7번과 8번에 있는 핀 번호를 13과 12로 바꾸자. 이유는 다음번에 모터를 11번 핀에 연결하려고 하기 때문이다.

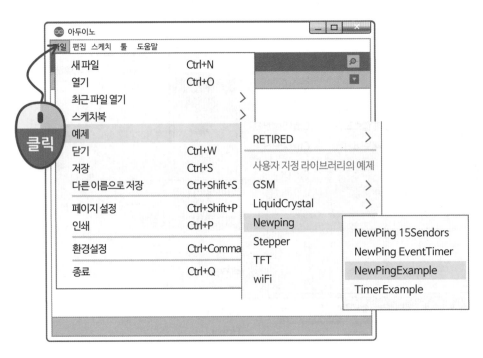

그림 1-2-6 라이브러리 장착 확인

```
아두이노                                    _ □ ×

파일  편집  스케치  툴  도움말


 NewPing Example
1   // -------------------------------------
2   // Example NewPing library sketch that
3   // -------------------------------------
4
5   #include <NewPing.h>
6
7   #define TRIGGER_PIN    12   // Ar      #define TRIGGER_PIN    13
8   #define ECHO_PIN       11           #define ECHO_PIN       12
9   #define MAX_DISTANCE 200   // Ma      #define MAX_DISTANCE 200
10
11  NewPing sonar(TRIGGER_PIN, ECHO_PIN, MA
12
13  void setup() {
14    Serial.begin(115200); // Open serial
15  }
16
17  void loop() {
18    delay(50);                      // Wa
19    Serial.print("Ping: ");
20    Serial.print(sonar.ping_cm()); // Se
21    Serial.println("cm");
22  }
```

그림 1-2-7 NewPingExample 스케치

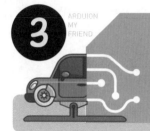

초음파 센서 연결 및 테스트 스케치

 회로 연결

초음파 센서와 아두이노 연결은 매우 간단하다.

그림 1-3-1처럼 아두이노의 디지털 핀 13번을 초음파 센서의 Trig에 연결한다.

Trig는 앞에서 TX라고 설명한 것과 같이 초음파를 발생시키는 곳이다.

아두이노 디지털 12번 핀은 센서의 Echo에 연결한다. Echo는 짐작하는 것과 같이 반사되어 되돌아오는 음파를 받는 곳이다.

아두이노 5V를 센서의 VCC에 연결해 주고, 아두이노와 센서의 GND를 서로 연결해 주면 회로는 완성이다.

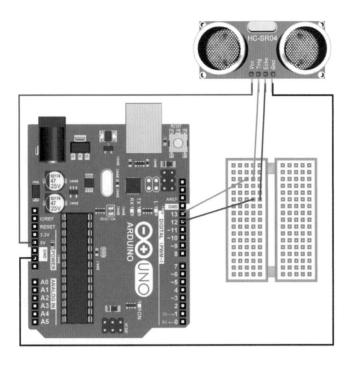

아두이노	초음파 센서
5V	VCC
D13	Trig
D12	Echo
GND	GND

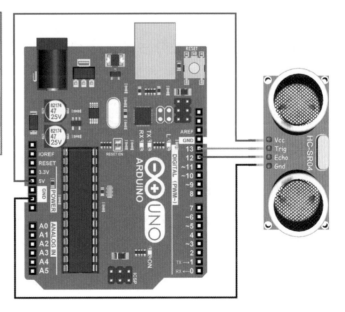

그림 1-3-1 초음파 센서 연결 회로

초음파 자율 주행 자동차

23

| 테스트 스케치

NewPingExample 스케치에서 코멘트를 제외하고 코딩만 다시 캡처한 것이 그림 1-3-2이다.

뉴핑(Newping)이라는 이름의 라이브러리를 사용할 것이므로 포함하라는 뜻인 #include 하고 이어서 〈Newping.h〉이라고 써 주었다. 라이브러리를 사용할 때는 이름을 〈 〉 안에 써 주고 끝에 .h를 붙여준다.

4~6번 줄에 있는 #define 대신에 int를 사용해도 된다. 단, int를 사용할 때는 끝에 세미콜론 ;을 사용해 주어야 한다. int TRIGGER PIN = 13 ;

13번 핀에 Trig 즉 초음파 발생 장치를 연결해 주었고, 12번 핀에 받는 장치인 Echo를 연결해 주었다는 스케치이다.

6번 줄에 있는 문장은 사용하는 초음파 센서의 측정 최대 거리를 200㎜ 즉 20 ㎝로 하려고 하는 것이다.

8번 줄이 라이브러리를 사용하는 문장이다. 뉴핑(NewPing) 라이브러리를 사용할 것이고 그때 내가(독자 여러분이) 지어준 이름은 sonar이다. 이 이름은 여러분이 부르기 편한 어떤 이름이라도 된다.

라이브러리를 사용하려면 그 안에 파라미터들을 제공해 주어야 하는데 뉴핑인 경우는 Trig가 연결된 핀 번호, Echo가 연결된 핀 번호, 그리고 마지막으로 측정 최대 거리이다.

셋업에서는 시리얼 모니터에 전송하는 속도를 115200로 하였다. 자주 사용하는

9600을 써도 되지만 센서 성능이 받쳐 준다면 빠른 속도가 좋다.

17번 줄에서 우리가 지어준 이름을 앞에 쓰고 라이브러리에 있는 함수 이름인 .ping-cm( )를 사용하면 측정된 거리가 cm로 환산되어 시리얼 모니터에 프린트 된다.

```
NewPing Example 1
1
2   #include <NewPing.h>
3
4   #define TRIGGER_PIN  13
5   #define ECHO_PIN     12
6   #define MAX_DISTANCE 200
7
8   NewPing sonar(TRIGGER_PIN, ECHO_PIN, MAX_DISTANCE);
9
10  void setup() {
11    Serial.begin(115200);
12  }
13
14  void loop() {
15    delay(100);
16    Serial.print("Ping: ");
17    Serial.println(sonar.ping_cm());
18  }
```

그림 1-3-2 뉴핑 예제 스케치

스케치를 업로드 하기 전에 툴에서 보드와 포트가 연결되어 있는지를 확인해 보는 것이 필요하다. 확인하지 않으면 에러 메시지가 나올 경우, 스케치 때문인지 보드나 포트 때문인지 파악하기 어려울 수 있다.

아두이노 IDE의 상단에 있는 메인 메뉴 바에 있는 툴을 클릭해서 세부 메뉴로 들어간다. 〈그림 1-3-3〉

그림과 같이 보드는 우리가 사용하고 있는 Arduino/Genuino UNO로 선택되어야 한다. 글씨 앞에 있는 조그만 까만 점이 나오도록 클릭하여야 한다.

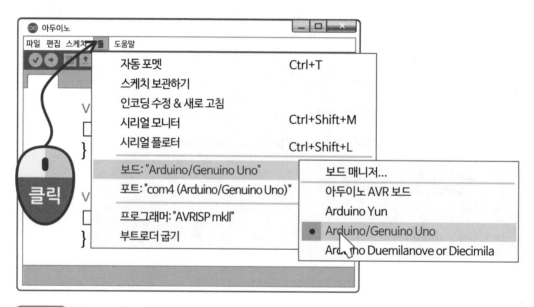

그림 1-3-3 연결 보드 확인

그림 1-3-4에는 포트 번호가 COM4로 나와 있지만 독자가 가진 컴퓨터에 따라 번호는 다를 수 있다. 하지만 뒤에 이어서 있는 Arduino/Genuino UNO라는 단어가 반드시 있어야 하고 그림에서와 같이 앞에 체크 표시 V가 나타나도록 마우스로 클릭해 주어야 한다.

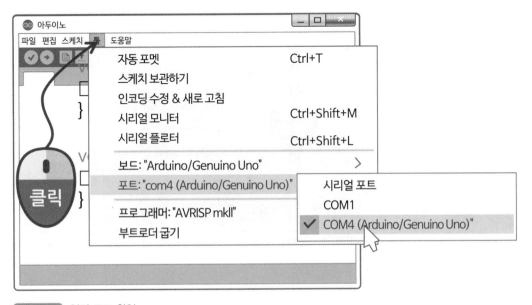

그림 1-3-4 연결 포트 확인

25쪽의 그림 1-3-2의 윗부분
만 확대한 그림이 1-3-5이다.
오른쪽 화살표 모양으로 된 아
이콘을 클릭하여 업로드한다.

그림 1-3-5 그림 1-3-2에 있는 스케치의 업로드

업로드 완료 글씨가 IDE의 아랫
부분에 나오면, 확대경 모양의
아이콘을 클릭하여 시리얼 모니
터 창을 연다. 〈그림 1-3-6〉

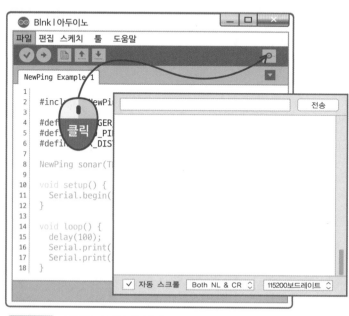

그림 1-3-6 시리얼 모니터 창 열기

그림 1-3-7의 시리얼 모니터 창은 물체가 초음파 센서 11㎝ 전방에 있다는 것을 나타내고 있다. 물체를 움직이며 거리를 측정해 보자.
상당히 정확하게 거리가 측정되는 것을 확인할 수 있다.

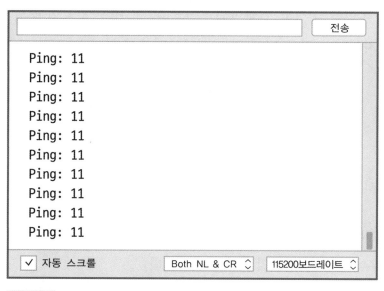

그림 1-3-7 초음파 센서에서 측정된 거리

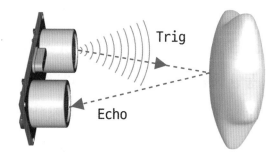

라이브러리를 사용하지 않은 초음파 센서 스케치

라이브러리를 사용하면 매우 편리하다. 그러나 여러 개의 라이브러리를 동시에 사용하거나 센서나 모터를 추가로 연결하면 아두이노 칩 내부에서 서로 충돌이 발생할 수도 있다.(자세한 설명은 뒤에 있는 서보모터에서 한다.)

충돌에 의한 에러를 방지하기 위하여 라이브러리를 사용하지 않고 초음파 센서 코딩을 하는 방법을 설명하려고 한다.

라이브러리를 사용하지 않은 초음파 센서 스케치가 그림 1-3-8이다.

3, 4번 줄에 있는 const는 constant(일정한)의 약자로 trigPin에 있는 13이라 는 숫자를 어떤 경우에라도 바꾸지 않는다는 명령이다.

지금과 같이 짧은 코딩에서는 혼동하는 경우가 없겠지만, 수십 페이지 되는 긴 코딩을 만들 때 실수로 중간에 trigPin이라는 이름으로 다른 값이 부여되는 것 을 방지하려고 할 때 사용한다.

15번 줄에서 trigPin을 끈 다음 5밀리초 기다린다. 16번 줄에서 trigPin을 켜 고 15 밀리초 동안 초음파를 내보낸다. 그리고 trigPin을 끄고, 21번 줄에서 반 사되어 돌아오는 초음파를 echoPin에서 감지한다.

pulseIn( ) 함수는 펄스 신호를 읽어 시간을 마이크로초로 환산한다.

거리=시간×속도이다.

음파의 속도는 340m/s이므로 환산하면 0.034cm/µs이다.

22번 줄을 보면 **거리=시간×속도/2**로 되어 있다.

여기에서 2로 나누는 이유는 왕복한 시간이 측정되기 때문이다.

```
// Ultrasonic HC-SR04

const int trigPin = 13;
const int echoPin = 12;
long duration;
int distance;

void setup() {
pinMode(trigPin, OUTPUT);
pinMode(echoPin, INPUT);
Serial.begin(9600) ;
}

void loop() {
digitalWrite(trigPin, LOW);// Clears the trigPin
delayMicroseconds(5);
digitalWrite(trigPin, HIGH);
delayMicroseconds(15);
digitalWrite(trigPin, LOW);

duration = pulseIn(echoPin, HIGH);//travel time us
distance = duration*0.034/2;

Serial.println(distance) ;
 Serial.print("    Cm") ;
}
```

그림 1-3-8 라이브러리를 사용하지 않은 초음파 스케치

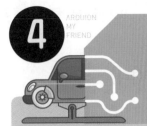

4 ARDUION MY FRIEND

초음파 자동차 만들기

아두이노, 모터 드라이버, 모터를 비롯한 배터리와 브레드보드 위치는 2편에서 설명한 라인 트랙 자동차와 같다. 다른 점은 초음파 차량의 앞부분에 초음파 센서를 위치시킨다는 것이다.

라인 센서는 차체 바닥 아래쪽에 위치시켰지만, 초음파 센서는 서보모터 위에 장착시킨다.

뒤에 자세한 장착 방법에 관한 설명과 그림이 있다.

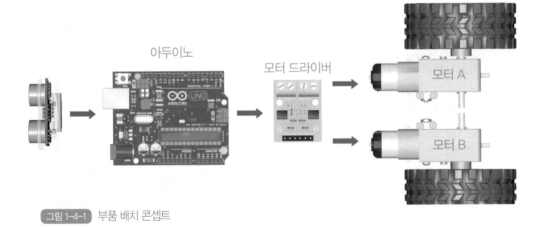

그림 1-4-1 부품 배치 콘셉트

2 | 서보모터 연결

DIY에서 많이 사용하는 세 종류의 모터가 있다.

DC 모터, 스텝(Stepper) 모터, 서보(Servo) 모터이다. 이 모터들은 각각의 특징이 있고 사용법이 모두 다르기 때문에 서로의 차이점을 잘 알아야 한다.

DC 모터는 전기를 공급하면 지속적으로 회전하는 모터이다.

2편 라인 트랙 자동차에서 사용한 모터이며, 이 책에서도 자동차의 주행에 사용할 모터이다. 회전 방향과 속도는 컨트롤 할 수 있지만 5도, 10도 등 작은 각도로 회전한 다음 정지하는 동작은 안 된다.

서보모터는 원하는 만큼의 각도로 회전할 수 있는 모터이다.

서보모터는 DC 모터에 위치 센서를 결합한 것이다. 모터의 회전 각도를 컨트롤 할 수 있어 로봇의 목, 팔 등에도 사용된다.

이 책에서는 초음파 센서가 여러 각도로 앞을 스캔할 수 있도록 하는 데 사용하였다.

스텝 모터는 서보모터보다 더 세밀한 각도로 움직이는 동작이 필요할 때 사용하는 모터이다.

내부에 DC 모터에 사용되는 코일이 여러 개 있어서 순차적으로 하나씩 전기를 공급하여 한 번에 미세한 각도로 회전할 수 있도록 만든 것이다. 수술용 로봇, 정밀 기계 등에 사용된다.

자율 주행 자동차를 만들 때 사용하게 될 서보모터에 대해서 자세히 알아보자.

서보모터는 머리를 움직일 수 있는 목과 같은 역할을 한다.

서보모터 위에 초음파 센서를 올려놓으면 서보모터가 돌면서 초음파 센서로 왼쪽-오른쪽에 물체가 있는지 확인한다. 마치 고개를 왼쪽-오른쪽으로 돌려서 주위를 살펴보는 것과 같다.

일반적으로 서보모터는 180도 범위 내에서 컨트롤 할 수 있도록 만든다. 〈그림 1-4-2〉

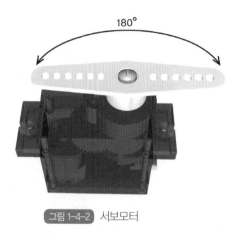

그림 1-4-2 서보모터

서보모터에는 세 가닥의 선이 있다. 빨간색과 갈색 선은 전원을 연결하는 선이고 오렌지 색은 신호 선이다.

빨간색 선은 +5V, 갈색 선은 배터리의 −극 및 아두이노의 GND와 연결해 주어야 한다.

서보모터의 회전 각도는 아두이노의 주파수로 컨트롤한다.

《아두이노 내 친구 1편》의 LED 밝기 조절에서 사용하였던 피더블유엠(PWM) 주파수 신호를 이용하는데 우노 보드는 디지털 핀 3, 5, 6, 9, 10, 11번 핀이 이 기능을 가지고 있다.

PWM 기능을 가진 핀은 핀 번호 앞에 ~와 같은 물결 모양으로 표시되어 있다. 서보모터의 신호 선은 PWM 핀에 연결한다.

서보모터 구동에 대하여 파악해 보자.

서보모터와 아두이노를 그림 1-4-3과 같이 연결하고 디지털 10번 핀에 서보모터 신호 핀을 연결하였다.

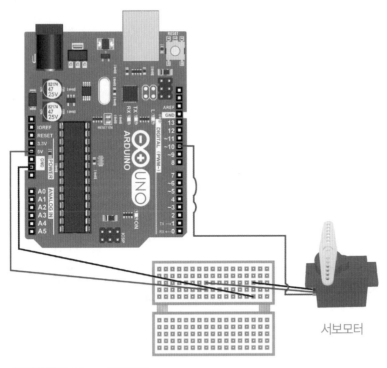

서보모터

그림 1-4-3 서보모터 연결 회로

그림 1-4-4는 아두이노 IDE에 있는 서보 라이브러리를 이용하여 작성한 스케치이다.

```
// Servo motor test, attach to pin 10

#include <Servo.h>

Servo myServo ; // create object

void setup() {
 Serial.begin(9600) ;
 myServo.attach(10) ; // servo motor attached at pin 6
 myServo.write(0) ;  // turn motor to 0 degree
 delay(2000) ;
}

void loop() {

 for (int j=0 ; j <=160 ; j=j+20 ) {
 myServo.write(j) ;  // j is the angle
 Serial.print(" Angle = ") ;
 Serial.println(j) ;
 delay(1000) ;
 }

 for (int m=0 ; m <=160 ; m=m+20 ) {
 int k= 160-m ;
 myServo.write(k) ;  // k is the angle
 Serial.print(" Angle = ") ;
 Serial.println(k) ;
 delay(1000) ;
 }
}
```

그림 1-4-4 서보모터 스케치

스케치 3번 줄을 보면 〈Servo.h〉를 사용하여 서보 라이브러리를 포함시켰다.

5번 줄에서 Servo myServo는 서보 라이브러리에 있는 함수를 사용할 때 그 앞에 myServo라는 이름을 붙여 사용하겠다는 것이다. 전문적인 용어로 오브 젝트를 형성시킨다고 한다.

9번 줄에서 서보모터의 신호 선이 우노 보드 디지털 10번 핀에 연결되어 있다는 것을 알려 주고 있다.

10번 줄은 write( )라는 단어를 써서 괄호 안에 있는 각도만큼 회전하라는 것이다. 여기서는 0도 즉 초기 각도로 회전하라는 것이다.

11번 줄에 있는 delay는 모터가 회전할 수 있는 시간을 준 것이다. 2000밀리초와 같이 긴 시간이 필요하지는 않다. 여기에서는 이어지는 loop( ) 안에서 회전하는 각도를 구분할 수 있도록 일부러 긴 시간을 준 것이다. 100밀리초 정도면 충분하다.

16번부터 21번 줄에 있는 코드에 의해 매번 20도씩 움직여 160도까지 회전하도록 한다.

23번부터 29번 줄은 160도에서 매번 20도씩 감소시켜 0도까지 회전하게 한다.

초음파 자율 주행 자동차

스케치를 업로드 한 다음 시리얼 모니터를 열어 아래의 그림처럼 프린트 되는 각도와 실제 서보모터가 회전하는 것을 확인하자.

```
Angle = 100
Angle = 120
Angle = 140
Angle = 160
Angle = 160
Angle = 140
Angle = 120
Angle = 100
Angle = 80
Angle = 60
Angle = 40
Angle = 20
Angle = 0
Angle = 20
Angle = 40
```

여기에서 사용하는 서보모터는 180도까지 회전할 수 있게 되어 있지만, 안전하게 사용하기 위하여 스케치에서는 160도까지만 회전시키려 한다.

이렇게 하면 80도는 전면을, 0도는 왼쪽, 160도는 오른쪽을 향하게 된다.

서보모터를 80도로 회전시킨 후 그림 1-4-2와 같이 날개를 모터와 평행하게 위치시키고 비닐 봉투에 있는 나사못으로 고정시킨다.

서보모터를 80도 회전시킨 다음 정지해 있도록 하는 스케치가 그림 1-4-5이다.

```
아두이노                                         _ □ ×
파일  편집  스케치   툴   도움말

✓ →  📄 ↑ ↓                                      🔍
                                                  ▼
 Servo_Test_80

1  │   // Servo motor attached to pin 10
2  │   // make servo motor 80 degree angle
3  │
4  │   #include <Servo.h>
5  │   Servo myservo ; // create object
6  │
7  │   void setup() {
8  │    myservo.attach(10) ; // servo motor attached at pin 6
9  │    myservo.write(80) ;  // turn motor to 0 degree
10 │    delay(2000) ;
11 │   }
12 │
13 │   void loop() {
14 │      myservo.write(80) ;
15 │   }
```

그림 1-4-5 서보모터 80도 회전 스케치

3 | 모터 연결 회로

모터를 그림 1-4-6과 같이 아두이노와 연결한다.

모터 B를 아두이노 3번과 5번 핀에, 모터 A를 6번과 11번 핀에 연결한다.

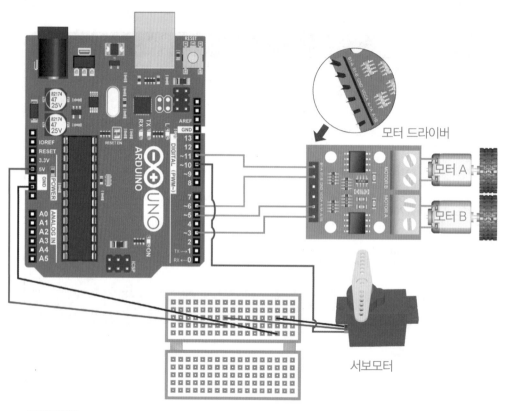

그림 1-4-6 모터 연결 회로도

4 | 모터 전원 연결 회로

아두이노 우노의 두뇌인 ATmega328 MCU에는 Timer 0, Timer 1, Timer 2 라는 3개의 타이머가 있다. 타이머는 PWM 기능을 만드는 근본 요소이다.

서보 라이브러리는 내부에서 MCU의 Timer 1을 사용하여 만들어지는 주파수로 PWM을 만든다. 또한 Timer 1은 우노의 9번 및 10번 핀과 연결되어 있다. 따라서 서보 라이브러리를 사용하면서 동시에 9번과 10번 핀에 다른 부품을 연결하여 PWM 기능으로 사용하면 문제가 발생할 수 있다.

이런 문제점을 방지하기 위하여 이 책의 프로젝트에서는 모터 드라이버를 아두이노 우노의 디지털 핀 3번, 5번 및 6번, 11번에 연결하였다. 〈그림 1-4-7〉

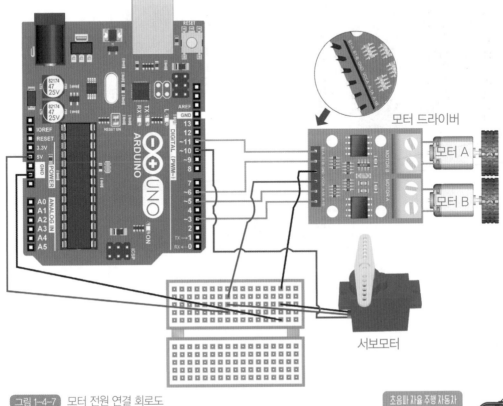

그림 1-4-7 모터 전원 연결 회로도

그림 1-4-8처럼 초음파 센서의 Trig와 Echo를 13번과 12번 핀에 연결한다.
그리고 전원 라인도 각기 아두이노의 전원 파트와 서로 연결한다.

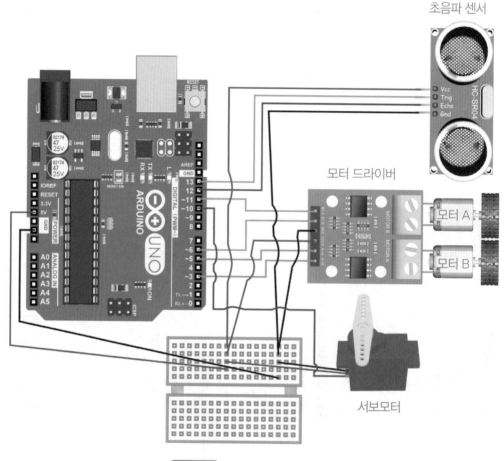

그림1-4-8 초음파 센서 포함 연결 회로도

6 | 전체 회로도

토글 스위치와 배터리까지 연결한 회로도가 그림 1-4-9이다.

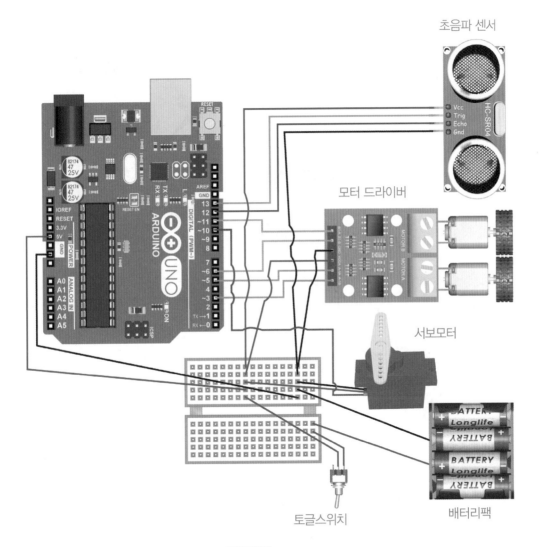

그림 1-4-9 전체 회로 연결

초음파 자동차 차체 조립

그림 1-5-1을 보고 부품을 하나씩 확인하고,

아두이노 초음파 자동차를 직접 조립한다.

그림 1-5-1 구성품

① 차체 아크릴 판 1개   ② 기어 장착 모터 2개   ③ 모터 브라켓 2개   ④ 앞 타이어 2개

⑤ 뒷바퀴 1개   ⑥ 토글스위치 1개 ⑦ 아두이노 우노 R3 1개 및 USB 케이블 1개(1권 키트 항목)

⑧ L9110S 모터 드라이버 1개   ⑨ 배터리 팩 1개   ⑩ 미니 브레드보드 1개   ⑪ 점퍼 케이블

⑫ 서보모터 + 브라켓   ⑬ 초음파센서 + 브라켓

⑭ 서포트 짧은 것 4개 및 볼트와 너트들   ⑮ 소형 드라이버

1 | 초음파 차량 부품 배치도

아두이노 우노

초음파 센서

서보모터

서보모터 브라켓

기어 장착
모터

기어 장착
모터

L9110S
모터 드라이버

미니 브레드보드

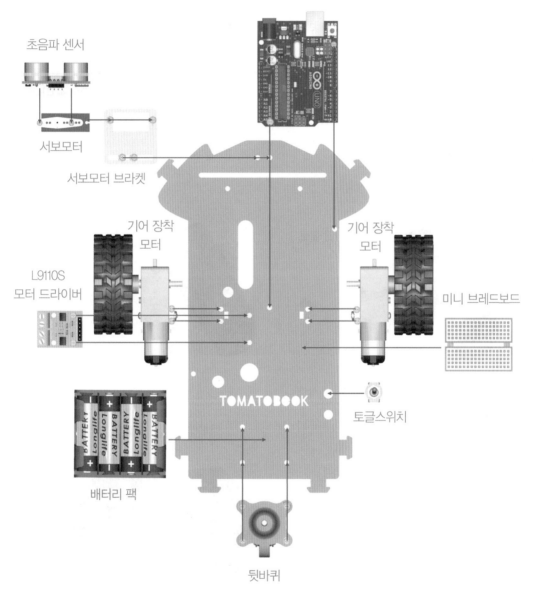

TOMATOBOOK

토글스위치

배터리 팩

뒷바퀴

그림 1-5-2 초음파 차량 부품 배치도

2 | 자동차 기본 부품 조립

브라켓을 사용하여 모터를 조립한다.

브라켓은(Bracket)은 버팀대 또는 받침대란 뜻이며, 모터를 자동차 몸체인 아크릴판과 고정시켜 준다.

먼저 모터 A(오른쪽 모터)를 그림 1-5-3과 같이 긴 볼트 2개를 모터의 노란 플라스틱에 있는 구멍과 브라켓 구멍으로 동시에 통과시켜 너트를 조여서 고정시킨다.

브라켓 홀

긴 볼트

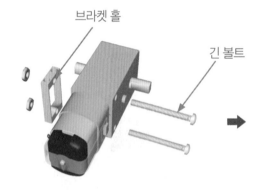

그림 1-5-3 모터 A에 브라켓 고정하기

브라켓 고정 볼트 홀

같은 방법으로 모터 B(왼쪽 모터)도 고정한다.

그림 1-5-4와 같이 모터 선이 안쪽에 있도록 고정하면 된다.

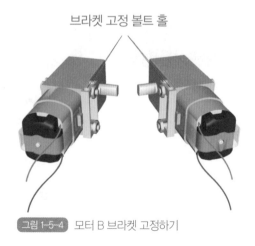

그림 1-5-4 모터 B 브라켓 고정하기

차체판에 있는 보호 필름을 벗기고 헤드 부분이 그림 1-5-5와 같이 아래쪽으로 향하게 하여, 짧은 볼트로 모터와 판을 고정한다.

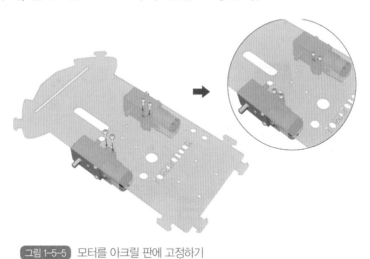

그림1-5-5 모터를 아크릴 판에 고정하기

그림 1-5-6처럼 바퀴와 모터를 연결한다. 네모난 모양의 구멍에 잘 맞춰서 연결하고 힘을 약간 주어서 바퀴가 들어가게 한다.

이때 바퀴를 너무 깊게 넣어 차체판과 간섭이 생기게 하면 안 된다.

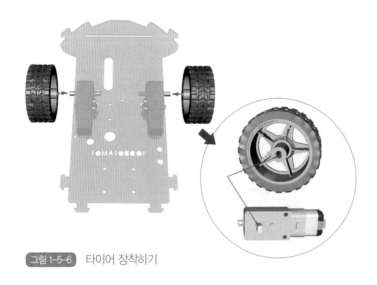

그림1-5-6 타이어 장착하기

초음파 자율 주행 자동차

서포터를 사용하여 그림 1-5-7처럼 뒷바퀴를 차체판에 고정한다.

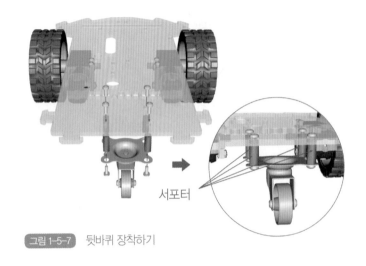

서포터

그림 1-5-7 뒷바퀴 장착하기

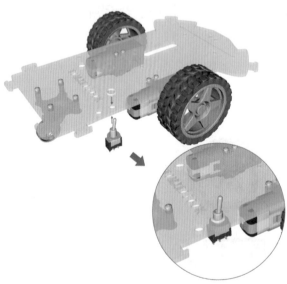

그리고 그림 1-5-8과 같이 토글스위치를 연결한다.

토글스위치의 역할은 배터리 전기를 아두이노와 모터 드라이버에 연결하는 것이다.

그림 1-5-8 토글스위치 연결

양면테이프를 그림 1-5-9와 같이 뒷바퀴를 고정했던 볼트 사이에 붙이고 그 위
에 배터리 팩을 고정한다.

배터리 팩을 아크릴판 끝쪽으로 놓는 것이 좋다. 나머지 부품들을 연결할 충분한
공간을 확보하기 위해서이다.

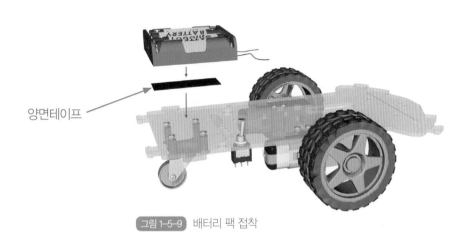

양면테이프

<u>그림 1-5-9</u> 배터리 팩 접착

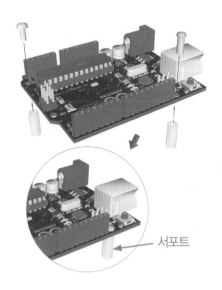

서포트

<u>그림 1-5-10</u> 서포트 장착 아두이노 보드

그림 1-5-10과 같이 서포터를 이용해서
아두이노와 차체를 고정시킨다.
서포터가 없이 그냥 나사를 조이면 아두이
노 보드가 망가질 수 있다.

USB 포트 옆에 있는 구멍에 연결하고 대각
선 방향에 있는 다른 구멍과도 고정한다.

그림 1-5-11은 아두이노 보드와 모터 드라이버를 연결하는 구멍을 보여주고 있다.

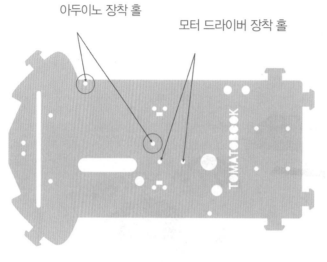

아두이노 장착 홀

모터 드라이버 장착 홀

그림 1-5-11 아두이노와 모터 드라이버 고정 홀 위치

짧은 볼트를 사용하여 아두이노를 그림 1-5-12와 같이 고정한다.

이때 USB 케이블을 연결하는 잭이 그림과 같이 차 앞부분 쪽으로 향하게 한다.

이렇게 해야 스케치를 업로드 할 때 케이블을 편리하게 연결할 수 있다.

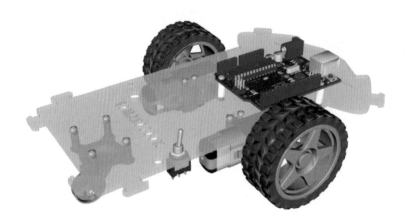

그림 1-5-12 아두이노 보드 장착

그림 1-5-13처럼 모터 드라이버 모듈도 서포터를 이용해서 고정한다.

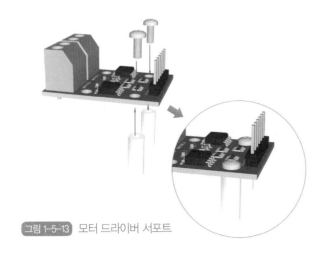

그림 1-5-13 모터 드라이버 서포트

그림 1-5-14처럼 모터 선을 연결하는 터미널이 왼쪽 바퀴 쪽을 향하도록 고정
한다.

모터 연결 포트

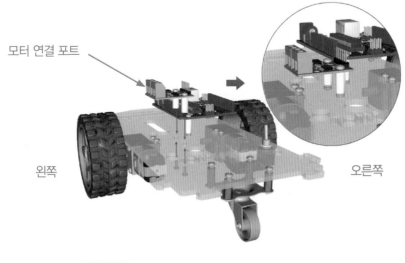

왼쪽

오른쪽

그림 1-5-14 모터 드라이버 장착

초음파 자율 주행 자동차

그리고 미니 브레드보드 뒷면의 얇은 필름을 벗겨내고 그림 1-5-15와 같이 붙인
다.

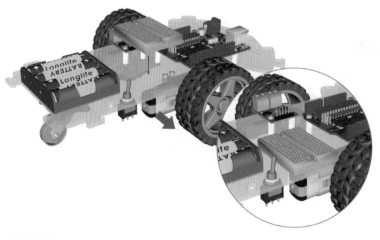

그림 1-5-15 미니 브레드보드 장착

자동차의 기본 부품 조립이 완성되었다.

3 | 초음파 센서 부분 조립

서보모터의 브라켓과 자동차 본체를 그림 1-5-16과 같이 볼트와 너트를 사용하여
고정한다.

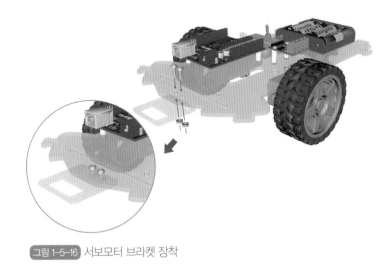

그림 1-5-16 서보모터 브라켓 장착

서보모터와 서보브라켓을 그림 1-5-17과 같이 볼트와 너트를 사용하여 조립한다.

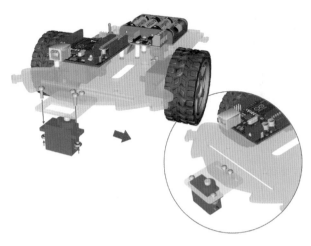

그림 1-5-17 서보모터와 서보모터 브라켓 조립

초음파 자율 주행 자동차

센서 홀더에 초음파 센서를 그림 1-5-18처럼 연결한다.

센서 홀더 측면   센서 홀더 정면

홀더 나사 구멍

그림 1-5-18 초음파 센서와 홀더 결합

초음파 센서 홀더와 서보모터의 회전날개 부분을 그림 1-5-19와 같이 볼트를 사용하여 고정한다.

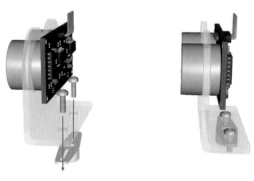

그림 1-5-19 초음파센서와 서보모터 회전날개 조립

초음파센서와 결합된 서보모터의 회전날개 부분과 서보모터의 회전모터 부분을 그림 1-5-20과 같이 연결한다.

서보모터의 시작 각도는 앞에서 설명한 것과 같이 내부적으로 80도가 되어 있어야 한다. 〈39쪽, 그림 1-4-5 스케치 참조〉

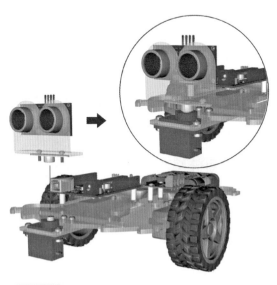

그림 1-5-20 서보모터의 회전날개와 서보모터의 결합

초음파 차량의 최종 조립 모양

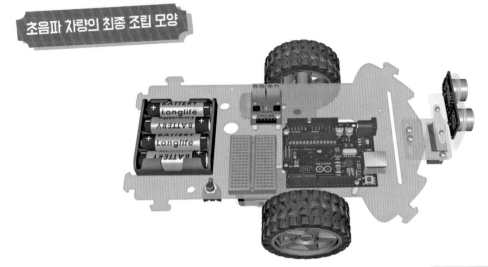

초음파 자율 주행 자동차

초음파 자동차 스케치

초음파 차량의 전체 스케치는 중간에 빈 줄 포함 총 165개 줄로 되어 있다. 〈그림 1-6-1〉

코딩을 자주 접해보지 않은 독자들에게 긴 코딩은 다소 부담스러울 수 있다.

자율 주행이어서 센서에서 읽는 데이터를 여러 번 확인하는 절차가 있기 때문이다. http://cafe.naver.com/arduinofun를 방문하여 다운로드 받아 먼저 사용한 다음 스케치 코드를 찬찬히 살펴보아도 된다.

라이브러리를 포함한 초기 설정 셋업을 1블록으로 하고, 루프 부분을 2블록, 모터 구동 함수 부분을 3블록 그리고 초음파 관련 함수 부분을 4블록으로 나누어 설명하려고 한다.

아두이노

파일 편집 스케치 툴 도움말

Ultra_Servo_Car

```
1
2   #include <Servo.h>
3
4   Servo myServo;
5
6   const int AIA = 3 ;   // Motor A
7   const int AIB = 5 ;
8   const int BIA = 6 ;   // Motor B
9   const int BIB = 11 ;
10
11  const int trigpin = 13 ;  //Ultrasonic sensor
12  const int echopin = 12 ;  //Ultrasonic sensor
13  int S_pin= 10 ;           // Servo motor connected pin
14
15  int F_Dist, L_Dist, R_Dist, L45_Dist, R45_Dist ; // Distance from car
16
17  const int Dist_Min = 27 ; // Minimum distance F, L45, R45
18  const int LR_Dist_Min = 12 ; // Minimum distance L, R
```

❶

```
19
20   int Max_speed1 = 150 ; // forward speed
21   int Max_speed2 = 200 ; // turn speed
22   int Dist ;              // measured distance from Ultra sonic sensor
23   int repeat = 0 ;        // checking obstacles 120 times while forwarding
24   int compare = 0 ;       // compare sensore measurement 25 times: error elimination
25   int delay_t = 500 ;     // car tunning delay time
26   int neck_t = 100 ;      // servo motor neck tunning delay time
27
28   //===========================
29
30   void setup(){
31     myServo.attach(S_pin);
32     myServo.write(80);
33
34     pinMode(AIA, OUTPUT) ; // Motor
35     pinMode(AIB, OUTPUT);
36     pinMode(BIA, OUTPUT);
37     pinMode(BIB, OUTPUT);
38
39     pinMode(trigPin, OUTPUT);  // Ultra sensor
40     pinMode(echoPin, INPUT);
41     digitalWrite(trigpin,LOW) ;
42   }
```

```
43
44   //========= loop =============
45
46   void loop() {
47
48   forward() ;
49
50   look_turn() ;
51
52   Dist = U_Sonic() ; // Distance measure
53
54     ( Dist < Dist_Min ) { // compare 25 times to eliminate sensor error
55        compare++ ;
56     }
57   if ( Dist > Dist_Min ) {
58        compare = 0 ;
59     }
60
61   if ( compare > 25 ) {
62        brake(); // brake there is obstacle
63        look_brake();
64
65   if (L_Dist>R_Dist && L_Dist>F_Dist){
66       left(delay_t);
67   }
68   else if (R_Dist>L_Dist && R_Dist>F_Dist){
69       right(delay_t);
70   }
71       compare=0;
72   }
73   }
```

```
75    //============== motor run functions ===========
76    void forward(){
77
78      analogWrite (AIA, Max_speed1);
79      analogWrite (AIB, 0);
80      analogWrite (BIA, Max_speed1);
81      analogWrite (BIB, 0);
82    }
83
84    void left(int t){
85     analogWrite (AIA, 0);
86     analogWrite (AIB, Max_speed2);
87     analogWrite (BIA, Max_speed2);
88     analogWrite (BIB, 0);
89     delay(t);
90    }
91
92    void right(int t){
93     analogWrite (AIA, Max_speed2);
94     analogWrite (AIB, 0);
95     analogWrite (BIA, 0);
96     analogWrite (BIB, Max_speed2);
97     delay(t);
98    }
99
100   void brake(){
101    analogWrite (AIA ,0);
102    analogWrite (AIB, 0);
103    analogWrite (BIA, 0);
104    analogWrite (BIB, 0);
105    }
```

❸

```
107   //============== Ultra sonic functions ==========
108
109   void look_turn() {
110    repeat++;
111    if( repeat>120 ) { // look around 120 times while moving forward
112      look_brake(); // Ultrasonic sensor
113      if( L_Dist < LR_Dist_Min || 45_Dist < Dist_Min ) {
114        right(delay_t);
115      }
116      if( R_Dist < LR_Dist_Min || R45_Dist < Dist_Min ) {
117        left(delay_t);
118      }
119      repeat=0 ;
120    }
121   }
122
123   int U_Sonic(){
124    long Dist_cm ;
125    digitalWrite(trigpin,LOW);
126    delayMicroseconds(5);
127    digitalWrite(trigpin,HIGH);
128    delayMicroseconds(15);
129    digitalWrite(trigpin,LOW);
130    Dist_cm=pulseIn(echopin,HIGH);
```

❹

```
131    Dist_cm=Dist_cm*0.017; // (0.034cm/us)/2
132    return round(Dist_cm);
133  }
134
135  void look_brake(){ //look around and if obstacles then brake
136
137    F_Dist = U_Sonic() ;
138    if( F_Dist < Dist_Min ){ brake() ; }
139    myServo.write(120) ;
140    delay(neck_t) ;
141    L45_Dist = U_Sonic() ;
142    if( L45_Dist < Dist_Min ){ brake() ; }
143    myServo.write(160) ;
144    delay(neck_t) ; //
145    L_Dist = U_Sonic() ;
146    if( L_Dist < LR_Dist_Min ){ brake() ; }
147    myServo.write(120) ;
148    delay(neck_t) ;
149    L45_Dist = U_Sonic() ;
150    if( L45_Dist < Dist_Min ){ brake() ; }
151    myServo.write(80) ; // front direction
152    delay(neck_t);
153    F_Dist = U_Sonic();
154    if( F_Dist < Dist_Min ){ brake() ; }
155    myServo.write(40);
156    delay(neck_t);
157    R45_Dist = U_Sonic();
158    if( R45_Dist < Dist_Min ){ brake() ; }
159    myServo.write(0);
160    delay(neck_t);
161    R_Dist = U_Sonic();
162    if( R_Dist < LR_Dist_Min ){ brake() ; }
163    myServo.write(80) ;
164    delay(neck_t); //
165  }
```

❹

그림 1-6-1 초음파 차량 전체 스케치

초음파 자율 주행 자동차

그림 1-6-1의 블록 1을 보자.

```
아두이노                                        _ □ X

파일 편집 스케치  툴  도움말

Ultra_Servo_Car

1
2    #include <Servo.h>
3
4    Servo myServo;
5
6    const int AIA = 3 ;  // Motor A
7    const int AIB = 5 ;
8    const int BIA = 6 ;  // Motor B
9    const int BIB = 11 ;
10
11   const int trigpin = 13 ;  //Ultrasonic sensor
12   const int echopin = 12 ;  //Ultrasonic sensor
13   int S_pin= 10 ;          // Servo motor connected pin
14
15   int F_Dist, L_Dist, R_Dist, L45_Dist, R45_Dist ; // Distance from car
16
17   const int Dist_Min = 27 ; // Minimum distance F, L45, R45
18   const int LR_Dist_Min = 12 ; // Minimum distance L, R
19
20   int Max_speed1 = 150 ; // forward speed
21   int Max_speed2 = 200 ; // turn speed
22   int Dist ;              // measured distance from Ultra sonic sensor
23   int repeat = 0 ;        // checking obstacles 120 times while forwarding
24   int compare = 0 ;       // compare sensore measurement 25 times: error elimination
25   int delay_t = 500 ;   // car tunning delay time
26   int neck_t = 100 ;    // servo motor neck tunning delay time
27
28   //========================
29
30   void setup(){
31    myServo.attach(S_pin);
32    myServo.write(80);
33
34    pinMode(AIA, OUTPUT) ; // Motor
35    pinMode(AIB, OUTPUT);
36    pinMode(BIA, OUTPUT);
37    pinMode(BIB, OUTPUT);
38
39    pinMode(trigPin, OUTPUT);  // Ultra sensor
40    pinMode(echoPin, INPUT);
41    digitalWrite(trigpin,LOW) ;
42   }
43
```

그림 1-6-2 초음파 차량 스케치 블록 1

2번 줄에서 서보 라이브러리를 포함시켰다.

4번 줄은 서보 라이브러리에 있는 함수를 사용할 때 앞에 myServo를 사용한 다고 했다.

6번~9번 줄에서 모터 A는 아두이노 디지털 핀 3번과 5번에 연결하였고, 모터 B는 아두이노 디지털 핀 6번과 11번에 연결하였다고 했다.

13번 줄은 서보모터를 디지털 10번 핀에 연결해 주려고 사용한 이름과 번호다.

15번 줄에 있는 약자를 풀어 보면 F_DIST는 Front Distance의 약자로 사용하 였으며 전방 즉 서보모터 80도에서 측정한 거리를 의미한다.

L_DIST는 왼쪽을 보았을 때 측정한 거리, R_DIST는 오른쪽을 보았을 때 측 정한 거리, L45_DIST는 왼쪽으로 고개를 45도 돌렸을 때, R45_DIST는 오른 쪽으로 고개를 45도 돌렸을 때 거리를 저장하려고 한다.

17번 줄은 전방 및 좌우 45도에서 27cm 이내에 물체가 있는지를 점검하기 위한 것이다.

18번 줄은 왼쪽 및 오른쪽에 12cm 이내에 물체가 있는지를 점검하기 위한 것이 다.

20번 줄은 모터를 최고 속도인 255로 구동시키면 너무 빠르기 때문에 전진할 때의 속도는 150으로 하였다. 자동차를 빠르게 또는 느리게 조정하려면 이 숫자 를 바꾸어 업로드시키면 된다.

21번 줄에서 자동차가 방향을 바꿀 때의 모터 속도를 200으로 하였다.
바닥이 미끄러우면 방향을 바꿀 때 차가 제자리에서 회전할 수도 있다. 사용하

는 바닥면의 상태에 따라 이 속도도 조정해 주는 것이 좋다.

22번 줄에 있는 Dist에는 초음파 센서에서 읽은 거리 값을 저장하려고 한다.

23번 줄은 자동차가 전진 주행을 할 때 앞에 장애물이 있는지를 반복해서 점검하려는 것이다.

24번 줄은 초음파 센서로 읽은 값에 에러가 없도록 반복 비교하기 위한 것이다.

25번 줄 delay_t는 자동차가 방향을 바꿀 때 사용하는 delay( ) 안에 넣는 밀리초 시간이다.

26번 줄은 서보모터에 의해 센서 목이 회전할 때 delay( ) 안에 넣는 밀리초 시간이다.

셋업 작업인 31번 줄에서 서보모터는 S_pin 즉 10번 핀에 연결하였다는 것이다.

32번 줄에서 초기 서보모터의 위치는 80도가 되도록 세팅하였다.

34~37번 줄은 모터드라이버와 연결된 핀들이며 출력으로 세팅하였다.

39번 줄에서 초음파를 발생시키는 trigpin은 출력으로, 40번 줄에서 되돌아오는 초음파를 받는 echopin은 입력으로 하였다.

초기에는 초음파 발생을 정지시키기 위하여 41번 줄에서 LOW로 하였다.

46번 줄부터 시작하는 블록 2는 loop( ) 안에 있는 스케치이다. 〈그림 1-6-3〉

```
🔵 아두이노                                                    _  □  ✕

파일 편집 스케치  툴   도움말

✓ ➡ 📄 ⬆ ⬇                                                   🔎

  Ultra_Servo_Car                                              ▼

44     //========= loop ==============
45
46     void loop() {
47
48     forward() ;
49
50     look_turn() ;
51
52     Dist = U_Sonic() ; // Distance measure
53
54       ( Dist < Dist_Min ) { // compare 25 times to eliminate sensor error
55         compare++ ;
56      }
57     if ( Dist > Dist_Min ) {
58         compare = 0 ;
59       }
60
61     if ( compare > 25 ) {
62        brake(); // brake there is obstacle
63        look_brake();
64
65     if (L_Dist>R_Dist && L_Dist>F_Dist){
66        left(delay_t);
67     }
68     else if (R_Dist>L_Dist && R_Dist>F_Dist){
69        right(delay_t);
70     }
71        compare=0;
72     }
73   }
74
```

그림 1-6-3 초음파 차량 스케치 블록 2

48번 줄에 있는 forward( ) 명령으로 자동차는 전진한다. 전진하는 내용은 그림 1-6-4 블록 3의 76~82번 줄 void forward( ) 함수에 있다.

자동차는 전진하면서 50번 줄에 있는 look_turn( )에 의해 계속 주변을 스캔한다.

look_turn( )은 블록 4의 109~121번 줄이다. 〈그림 1-6-4〉

111번 줄을 보면 120회 반복하는데 내용은 112번 줄에 있는 look_brake( )라는 함수는 135번 줄에 있고 앞에 장애물이 있는지 점검하는 것이다.

137번 줄에 있는 U_Sonic( )이라는 함수로 가서 초음파를 발생시키고 거리를 측정한다. 측정된 거리를 17번 및 18번 줄에서 정해놓은 최저 거리와 비교하며 물체가 최저거리 이내에 있으면 자동차를 정지시킨다.

고개를 돌리면서 다른 각도에서 측정하고 비교한다. 이 작업을 마치면 정지된 자동차는 113~118번 줄에 있는 if 문장에 의해 좌회전 또는 우회전을 하게 된다. 여기에서 ||는 또는(OR)이라는 연산자인데 왼쪽에 있는 조건이나 오른쪽에 있는 조건 중 어느 하나라도 만족하면 참(true)이 되어 이어지는 중괄호 { } 안에 있는 내용을 수행한다.

이제 다시 블록 2의 52번 줄로 되돌아와서 거리를 측정한다. 초음파에서 에러 값을 읽었을 경우를 대비하기 위하여 25번 반복 측정 비교를 하는 것이 54번 ~70번까지의 명령이다.

71번 줄은 25번 반복 후 다시 하기 위하여 0으로 만드는 것이다.

모터 구동과 관련된 블록 3을 보자. 〈그림 1-6-4〉

```
     ∞ 아두이노                                                 _  □  X
     파일 편집 스케치  툴  도움말
     ✓ ➡ 🗋 ⬆ ⬇                                                    🔍
      Ultra_Servo_Car                                               ▼

  75    //============== motor run functions ===========
  76    void forward(){
  77
  78      analogWrite (AIA, Max_speed1);
  79      analogWrite (AIB, 0);
  80      analogWrite (BIA, Max_speed1);
  81      analogWrite (BIB, 0);
  82    }
  83
  84    void left(int t){
  85     analogWrite (AIA, 0);
  86     analogWrite (AIB, Max_speed2);
  87     analogWrite (BIA, Max_speed2);
  88     analogWrite (BIB, 0);
  89     delay(t);
  90    }
  91
  92    void right(int t){
  93     analogWrite (AIA, Max_speed2);
  94     analogWrite (AIB, 0);
  95     analogWrite (BIA, 0);
  96     analogWrite (BIB, Max_speed2);
  97     delay(t);
  98    }
  99
 100    void brake(){
 101     analogWrite (AIA ,0);
 102     analogWrite (AIB, 0);
 103     analogWrite (BIA, 0);
 104     analogWrite (BIB, 0);
 105    }
 106
```

그림 1-6-4 초음파 차량 스케치 블록 3

일반적인 모터 구동 명령인 digitalWrite 대신 analogWrite이 쓰여 있는 것을 볼 수 있다.

이 프로젝트에 사용한 L9110S 모터 드라이버 모듈은 직접 핀에서 모터 속도 조절이 가능한 PWM 기능을 가지고 있기에 가능하다.

analogWrite(핀번호, 0~255)를 사용하여 모터의 속도를 컨트롤 한다.

Max_speed_1과 Max_speed2는 20번 및 21번 줄에서 준 값으로 전진할 때 최고 속도와 회전할 때 최고 속도이다.

78~79번 줄이 모터 A를 컨트롤 하는 명령이다. 79번 줄이 0이므로 전진 회전이다.

85~86 번 줄은 이와 반대로 되어 있어 모터는 반대 방향 회전을 한다.

초음파 센서와 관련된 블록 4를 보자. 〈그림 1-6-5〉

```
                                                      _   □   X
◉◉ 아두이노

파일  편집  스케치   툴    도움말

✓● ➡● 📄 ⬆ ⬇                                              🔍

  Ultra_Servo_Car                                         ▼

107    //============== Ultra sonic functions ==========
108
109    void look_turn() {
110     repeat++;
111     if( repeat>120 ) { // look around 120 times while moving forward
112       look_brake(); // Ultrasonic sensor
113       if( L_Dist < LR_Dist_Min ‖ L45_Dist < Dist_Min ) {
114         right(delay_t);
115       }
116       if( R_Dist < LR_Dist_Min ‖ R45_Dist < Dist_Min ) {
117         left(delay_t);
118       }
119       repeat=0 ;
120     }
121    }
122
123    int U_Sonic(){
124     long Dist_cm ;
125     digitalWrite(trigpin,LOW);
126     delayMicroseconds(5);
127     digitalWrite(trigpin,HIGH);
128     delayMicroseconds(15);
129     digitalWrite(trigpin,LOW);
130     Dist_cm=pulseIn(echopin,HIGH);
131     Dist_cm=Dist_cm*0.017; // (0.034cm/us)/2
132     return round(Dist_cm);
133    }
134
135    void look_brake(){ //look around and if obstacles then brake
136
137     F_Dist = U_Sonic() ;
138     if( F_Dist < Dist_Min ){ brake() ; }
139     myServo.write(120) ;
140     delay(neck_t) ;
141     L45_Dist = U_Sonic() ;
142     if( L45_Dist < Dist_Min ){ brake() ; }
143     myServo.write(160) ;
144     delay(neck_t) ; //
145     L_Dist = U_Sonic() ;
146     if( L_Dist < LR_Dist_Min ){ brake() ; }
147     myServo.write(120) ;
148     delay(neck_t) ;
149     L45_Dist = U_Sonic() ;
150     if( L45_Dist < Dist_Min ){ brake() ; }
151     myServo.write(80) ; // front direction
```

초음파 자율 주행 자동차

```
152     delay(neck_t);
153     F_Dist = U_Sonic();
154     if( F_Dist < Dist_Min ){ brake() ; }
155     myServo.write(40);
156     delay(neck_t);
157     R45_Dist = U_Sonic();
158     if( R45_Dist < Dist_Min ){ brake() ; }
159     myServo.write(0);
160     delay(neck_t);
161     R_Dist = U_Sonic();
162     if( R_Dist < LR_Dist_Min ){ brake() ; }
163     myServo.write(80) ;
164     delay(neck_t); //
165   }
```

그림 1-6-5 초음파 차량 스케치 블록 4

109~121번 줄에 있는 look_turn( )은 112번 줄에 있는 look_brake( )라는 함수를 사용하고, 다시 look_brake는 137번 줄에서 U-Sonic( )이라는 함수를 사용한다.

다시 정리하면 초음파 센서로 거리를 측정하고, 측정된 거리가 주어진 최소 거리보다 짧은지를 비교하여 짧으면 차를 정지시킨다. 그렇지 않으면 고개를 돌리면서 다른 방향에서 거리를 측정하고 최소 거리와 비교를 계속한다.

짧은 경우 좌측과 좌로 45도 및 우측과 우측 45에서의 거리와 설정 최소 거리를 비교하여 짧은 쪽과 반대 방향으로 차를 회전시킨다.

완성된 스케치를 차에 업로드 하고 주행시킬 차례이다.

업로드 완료 후 컴퓨터에서 차량을 분리하고 스위치를 켜자.

속도를 높이고 싶으면 스케치에서 8번과 9번 줄에 있는 숫자를 조정하면 된다.

그림 1-6-6 차량과 장애물

Smart Phone
APP

Bluetooth

Android

ARDUINO

블루투스 자동차

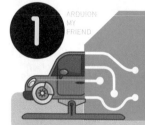

블루투스 모듈 이해하기

블루투스 모듈은 여러 종류가 있는데 아두이노와 사용할 모듈은 안드로이드폰 용으로 가장 많이 사용되는 HC-06이다. 스마트폰에서 모듈로 명령을 보낼 수 있고 동시에 데이터도 받을 수도 있다.

블루투스와 아두이노와 연결은 두 가닥의 신호 선만 서로 연결하면 된다.

스케치 또한 매우 간단하다는 것을 잠시 후에 알 수 있다.

그림 2-1-1은 모듈의 앞면과 뒷면이다. 뒷면을 보면 4개의 핀 즉 VCC, GND, TXD, RXD가 있다. 이 핀들이 아두이노와 연결되는 곳이다.

블루투스 모듈에 공급하는 전원은 3.6V부터 6V까지 사용해도 되지만, 신호를 보내는 TXD와 받는 RXD는 3.3V로 작동한다.

그림 2-1-1 블루투스 HC-06 앞면과 뒷면

| 전압 분배

블루투스 모듈의 TXD에서 나오는 3.3V 신호를 아두이노의 RX 핀은 그대로 받을 수 있다. 그러나 아두이노 TX 핀에서 나오는 5V 신호를 블루투스 모듈의 RXD에서 받으면 칩이 손상될 수도 있다

이 문제는 그림 2-1-2와 같이 저항 2개를 사용하여 전압 분배 회로를 만들면 쉽게 해결할 수 있다.

전압 분배 회로에서 저항을 반드시 $1k\Omega$과 $2k\Omega$으로 사용해야 하는 것은 아니다. 비율이 1:2면 된다. 예를 들어 $10k\Omega$과 $20k\Omega$을 사용해도 된다.

그러나 저항값이 너무 작은 것들을 사용하면 열이 발생해서 안된다.

5V 전원에 $1k\Omega$과 $2k\Omega$ 저항을 그림 2-1-2처럼 직렬로 연결하고, $2k\Omega$에 걸리는 전압을 측정하면 3.33V가 된다.

이 방법을 아두이노 TX와 블루투스의 RXD 사이에 이용하면 된다.

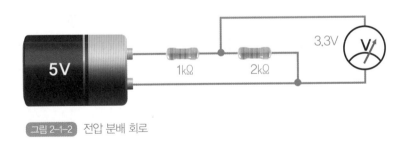

그림 2-1-2 전압 분배 회로

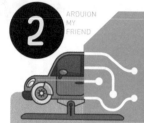

블루투스로 엘이디(LED) 컨트롤하기(앱사용)

블루투스 컨트롤을 이해하는 가장 빠른 방법은 실제로 회로와 스케치를 만들어 작동해 보는 것이다.

아두이노와 블루투스 모듈을 연결한 다음, 추가로 아두이노 13번에 엘이디를 연결하여 스마트폰에서 이 엘이디를 켜고 끄는 컨트롤을 해보자.

1 | 블루투스 컨트롤 회로

아두이노 1번 핀(TX)에서는 5V가 나오기 때문에 이 전압을 그대로 블루투스 모듈의 RX로 보내면 모듈에 피해를 줄 수 있다. 이것을 방지하기 위해 1kΩ, 2kΩ 저항 2개를 그림 2-2-1과 같이 사용하였다.

블루투스 모듈의 TX에서 내보내어 아두이노의 RX 핀으로 가는 연결은 저항을 사용하지 않아도 된다. (블루투스 모듈에서는 TX를 TXD, RX를 RXD라고 부르기도 한다.)

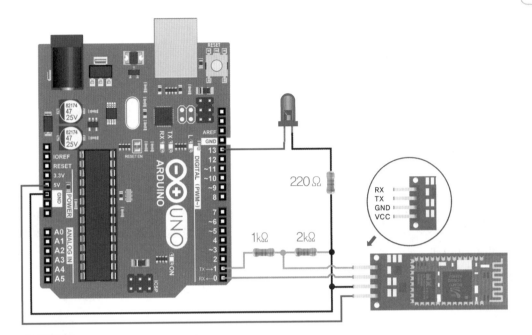

그림 2-2-1 블루투스 엘이디 컨트롤 회로

브레드보드를 이용해서 연결한 그림이 2-2-2이다.

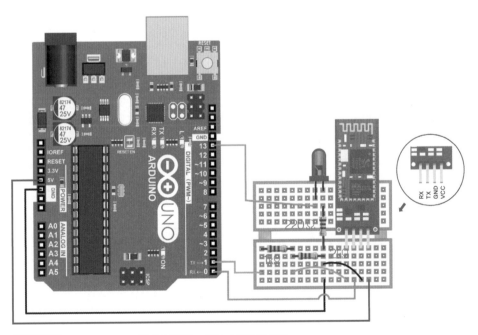

그림 2-2-2 브레드보드를 이용한 블루투스 엘이디 컨트롤 회로

2 | 블루투스 컨트롤 스케치 1

앞에서 만든 회로를 컨트롤 하기 위한 아두이노 스케치이다. 〈그림 2-2-3〉

아두이노

파일 편집 스케치 툴 도움말

Bluetooth_LED_1_App_ino

```
1
2    String message; // Store incomming command data
3    int led = 13 ;
4
5    void setup() {
6     Serial.begin(9600);
7     ppinMode(led,OUTPUT);
8     digitalWrite(led,LOW);
9    }
10
11   void loop() {
12   while (Serial.available() ) {  // while there is data
13    delay(50); // 10
14    char c = Serial.read();
15   message = message + c;     //Command such as "on"
16    }
17
18     if (message.length() > 0) {
19      Serial.println(message) ;
20      if (message == "on")  {
21    digitalWrite(led,HIGH);
22     }
23      if (message == "off") {
24    digitalWrite(led,LOW);
25     }
26    }
27     message = "" ; // clear the memory
28    }
```

그림 2-2-3 블루투스 컨트롤 스케치 1

그림 2-2-3의 스케치에서 2번 줄에 있는 String은 단어를 담을 때 사용한다. int는 정수일 때, char는 알파벳 1 개일 때 사용한다. 예를 들어 char에는 y와 같은 알파벳을 저장할 수 있고, String에는 yes 같은 단어를 저장할 수 있다.

12번~16번 줄은 while( )에 속해 있다. 블루투스로 보내지는 데이터가 시리얼에 있으면 14번 줄에서 그 값을 읽어 c에 저장한다. 시리얼에는 한 번에 1개의 알파벳씩 도착하기 때문에 15번 줄에서 알파벳을 순서대로 정렬해서 단어로 만든다.

message(메시지)는 앞 2번 줄에서 String으로 정의했다. 하나의 메시지가 끝나면 18번 줄에서 메시지 길이가 0보다 큰가를 비교한다.

20번 줄에서 메세지가 on인지를 비교하고, 참이면 21번 줄에 의해 LED를 켠다.

27번 줄은 새로운 단어를 담기 위하여 메시지 내부를 비우는 것이다. 혹시 생길 수 있는 에러를 방지하기 위한 조치이다.

스케치 업로드 하기 전
스케치를 업로드 하기 전에 블루투스와 아두이노의 연결을 끊어야 한다. (5V 선을 빼면 된다.)

스케치 업로드 완료 후
스케치를 업로드 완료 후에는 블루투스와 아두이노를 다시 연결한다.

■ 20번 줄에서 "on" 하여 큰 따옴표를 사용하였다.
■ String은 큰따옴표, char는 작은따옴표인 ' '를 사용한다는 점 유의 바란다.

블루투스 컨트롤을 하려면 스마트폰 앱이 필요하다.

3장에 앱을 만드는 방법을 다루었다. 여기에서는 만들어진 앱을 사용하여 연결한 회로와 스케치를 작동시켜 보자.

구글 플레이에서 "아두이노 내 친구"라고 입력하고 블루투스 LED 앱을 스마트폰에 다운받아 설치한다. 〈그림 2-2-4〉

그림 2-2-4 구글 플레이 블루투스 앱

3 | 스마트폰: 블루투스 기기 설정

스마트폰에서 내가 아두이노에 사용하는 블루투스 모듈을 인식할 수 있도록 스마트폰에 등록해 주어야 한다. 그림 2-2-5처럼 환경설정 아이콘을 클릭하면 그림 2-2-6와 같은 환경설정 창이 나온다.(이때 모듈은 켜져 있어야 한다.)

그림 2-2-5 설정

그림 2-2-6 기기 연결

그림 2-2-7과 같이 블루투스 선택 메뉴를 터치한 다음, 그림 2-2-8처럼 오른쪽 위에 있는 찾기를 터치하여 내 블루투스 모듈을 찾는다.

그림 2-2-9처럼 사용할 수 있는 기기에 내가 사용하는 모듈인 HC-06이 나온 것을 볼 수 있다. 이 글씨를 터치하면 디바이스 PIN을 입력하는 창이 나온다.

그림 2-2-7 블루투스 선택

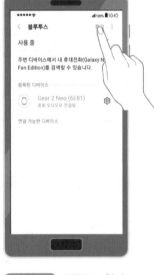

그림 2-2-8 블루투스 찾기

그림 2-2-9 사용할 블루투스 선택

그림 2-2-10과 같이 핀(PIN) 번호를 입력하라는 창이 나오면 1234를 입력하고 완료를 클릭하면 된다. 환경설정 창을 보면 그림 2-2-11처럼 우리가 사용할 HC-06 모듈이 등록됨으로 되어 있다.

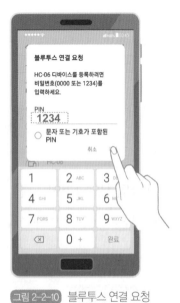

그림 2-2-10 블루투스 연결 요청

그림 2-2-11 모듈 등록 확인

4 | 앱 사용, 엘이디(LED) 컨트롤

다운로드한 앱을 사용하여 엘이디를 컨트롤 해보자.

그림 2-2-12처럼 다운로드한 앱을 터치하면 그림 2-2-13과 같은 화면이 나온다. 왼쪽 상단에 Not Connected라는 글씨로 블루투스가 아직 연결되지 않았다는 것을 알려주고 있다.

그림 2-2-12 앱 선택

그림 2-2-13 실행 화면

상단에 있는 불루투스 아이콘을 터치하면, 블루투스 기기를 선택하는 창이 나온다. 〈그림 2-2-14, 15〉

그림 2-2-14 블루투스 선택

그림 2-2-15 블루투스 모듈 선택

우리가 사용할 HC-06을 선택하면 그림 2-2-16과 같이 연결되었다 (Connected)는 글씨가 왼쪽 상단에 나온다. 이제 ON 버튼을 누르면 LED가 켜지고 OFF를 누르면 꺼진다. 〈그림 2-2-17, 18〉

그림 2-2-16 블루투스 연결 됨   그림 2-2-17 ON 버튼 터치   그림 2-2-18 OFF 버튼 터치

아두이노에 전달되는 데이터를 보기 위하여 아두이노 IDE의 시리얼 모니터를 열어보자. 스마트폰에서 버튼을 누를 때마다 명령 즉 메시지가 프린트 되는 것을 확인할 수 있다. 〈그림 2-2-19〉

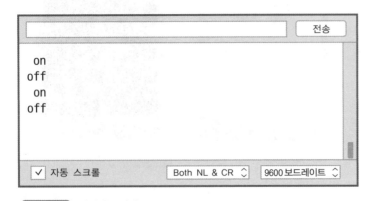

그림 2-2-19 시리얼 모니터

3 소프트웨어 시리얼 사용

회로 연결을 끊지 않고 바로 업로드 할 수 있게 하는
소프트웨어 시리얼 라이브러리

블루투스 스케치를 업로드하려면, 아두이노와 연결을 끊은 다음 업로드시키고
다시 아두이노와 모듈을 연결해야 하는 불편함이 있다.

SoftwareSerial이라는 라이브러리를 사용하면 연결을 끊지 않고 그대로 업로
드하여 사용할 수 있다.

일반적으로 시리얼 통신에 사용하는 0번과 1번 핀 대신에 다른 디지털 핀을 소
프트웨어로 시리얼 핀 역할을 하게 만드는 것이다.

그림 2-3-1에 있는 스케치를 보자.

```
아두이노                                          _ □ ×

파일  편집  스케치   툴   도움말

LED_ON_OFF_App_ino

1
2    #include <SoftwareSerial.h>
3    SoftwareSerial BT_Serial(7,8) ; // TX, RX
4
5    String message; // Store incomming command data
6
7    void setup() {
8     BT_Serial.begin(9600);
9     pinMode(13, OUTPUT);
10     Serial.begin(9600) ;
11   }
```

블루투스 자동차

```
12
13    void loop() {
14     while (BT_Serial.available() ) {  // while there is data
15     delay(50); // 10
16     char c = BT_Serial.read();
17     message = message + c;     //Command such as "on"
18     }
19
20      if (message.length() > 0) {
21      Serial.println(message) ;
22       if (message == "on")  {
23      digitalWrite(13, HIGH) ;
24       }
25       if (message == "off") {
26      digitalWrite(13, LOW) ;
27       }
28      }
29      message = "" ; // clear the memory
30      }
```

그림 2-3-1 소프트웨어 시리얼 라이브러리 사용 스케치

2번 줄에서 #include를 사용하여 〈SoftwareSerial.h〉를 포함시켰다.

이 라이브러리는 아두이노 IDE에 기본으로 포함되어 있다. 즉 외부에서 가져오지 않아도 되며, 2번 줄에서와 같이 그냥 이름만 불러주면 된다.

3번 줄에서는 우리가 작명한 BT_Serial 이름을 사용하겠다고 해 주었고, 시리얼 통신에 사용할 핀은 7번과 8번이라고 알려주고 있다.

셋업하는 8번 줄에서 블루투스 시리얼 통신 속도를 9600으로 했다.

이제 시리얼 데이터는 디지털 7번 및 8번 핀을 통해 블루투스 모듈과 통신한다. 앞에서 설명한 스케치와 매우 유사하다.

14번 줄에서 블루투스 시리얼에 데이터가 있는지 확인한다. 있으면 16번 줄에서 값을 읽어 c라는 이름에 저장한다.

17번 줄에서 들어오는 알파벳들을 조합하여 message라는 이름으로 저장한다.

20번 줄부터는 앞에 있는 스케치와 동일하다.

아두이노 7번 핀을 RX, 8번 핀을 TX로 사용한 회로가 그림 2-3-2이다. 회로를 끊지 않고 바로 업로드하고, 앱에 있는 버튼을 터치하면 엘이디를 켜고 끄는 컨트롤을 할 수 있다.

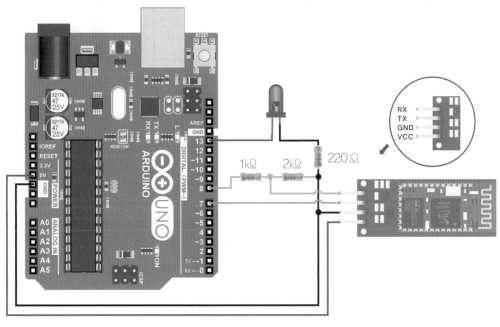

그림 2-3-2 소프트웨어 시리얼 사용 회로

블루투스 자동차

다음의 그림 2-3-3은 배터리와 브레드보드를 이용한 회로도이다.

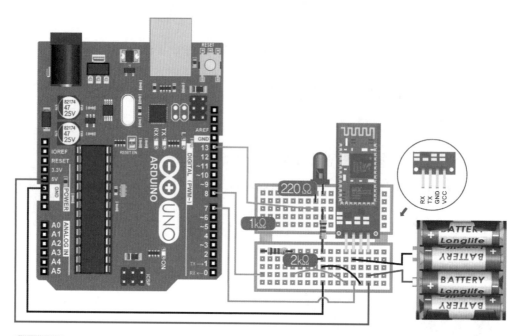

그림 2-3-3 배터리와 브레드보드를 이용한 회로도

4 블루투스로 모터 컨트롤하기

블루투스로 모터 1개를 컨트롤 해보자. 모터 1개를 사용하는 방법을 이해하고 나면, 1개를 더 추가하는 회로와 스케치를 쉽게 만들 수 있다.

블루투스 회로에 모터 드라이버와 모터를 그림 2-4-1과 같이 연결한다. 모터 드라이버를 PWM 핀인 5번과 3번 핀에 연결한 것이다.

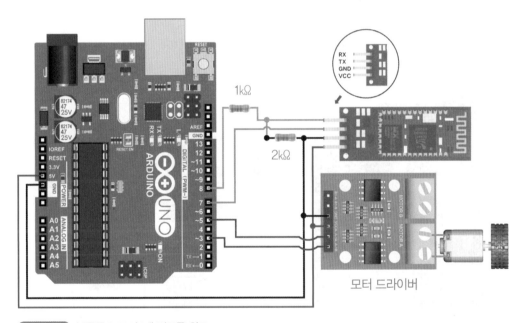

그림 2-4-1 블루투스 모터 1개 컨트롤 회로

노트북 USB 전력만으로 모터를 시험 구동시킬 수 없을 때는 그림 2-4-2와 같이 외부 배터리를 사용하여야 한다.

블루투스 자동차

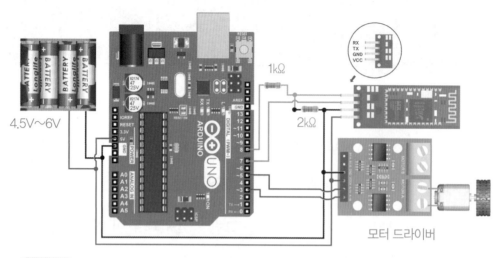

그림 2-4-2 배터리 사용 블루투스 모터 1개 컨트롤 회로

다음 그림 2-4-3은 브레드보드를 이용한 회로도이다.

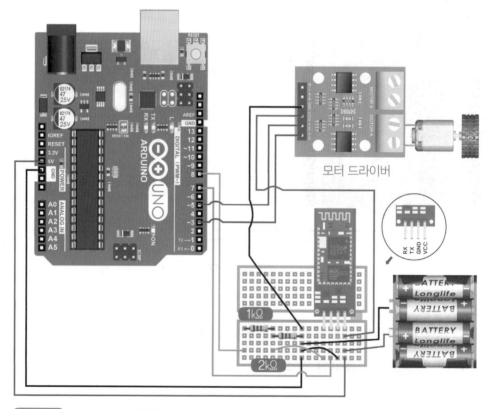

그림 2-4-3 브레드보드를 이용한 회로

스케치를 보자. 〈그림 2-4-4〉

```
●● 아두이노                                    _ □ ✕
파일 편집 스케치   툴   도움말
✓ → 📄 ⬆ ⬇                              🔎
                                              ▼
Bluetooth_motor1_ino
1   // Bluetooth motor1 ino
2
3   #include <SoftwareSerial.h>
4   SoftwareSerial BT_Serial(7, 8); //RX, TX
5   char value ;
6
7   void setup() {
8    BT_Serial.begin(9600);
9   //  Serial.begin(9600); // optional
10   pinMode(3, OUTPUT); // Motor A
11   pinMode(5, OUTPUT); // Motor A
12   }
13   //-----------------------------------------------//
14   void loop() {
15
16    if (BT_Serial.available() ) {  // while there is data
17    value = BT_Serial.read() ;
18
19    BT_Serial.println(value);
20   // Serial.println(value); // optional
21
22    if(value == '1') // 전진회전
23     { forward( ) ; }
24
25    if(value == '2') // 후진회전
26    { reverse( ) ; }
27
28    if(value == '0')  // 정지
29    { brake( ) ; }
30    }
31   }
32   //------- functions -------------//
33    void forward ( ) {
34      analogWrite(3, HIGH);
35      analogWrite(5, LOW);
36    }
37    void reverse( ) {
38      analogWrite(3, LOW);
39      analogWrite(5, HIGH);
40    }
```

```
41
42      void brake( ) {
43      analogWrite(3, LOW);
44      analogWrite(5, LOW);
45      delay (100);
46    }
```

그림 2-4-4 배터리 사용 블루투스 모터 1개 컨트롤 스케치

앞에서 사용한 그림 2-3-1 스케치에 모터 부분을 추가한 것이다.

10번과 11번 줄에서 모터 드라이버와 연결된 핀들을 출력으로 세팅해 주었다.

22번 줄은 블루투스에서 1이라는 값이 오면 23번으로 가서 forward( )라는 우리가 만든 함수를 호출한다.

그러면 33번 줄로 가고 34번 줄과 35번 줄을 실행하여 모터를 전진 방향으로 회전시킨다.

그런 다음 25번 줄에 오지만, value 값은 1이어서 28번 줄로 가고 그곳 역시 조건을 충족시키지 않으므로 31번 줄 → 16번 줄, 이렇게 계속 새로운 명령이 올 때까지 이전에 시킨 명령대로 작동시키게 된다.

스케치는 1이라는 신호를 받으면 모터를 전진 회전, 2는 역회전, 0은 정지하라는 것이다.

완료되었으니 이제 앱으로 가자.

구글 플레이 스토어에 "아두이노 내 친구"를 입력하면 그림 2-4-5와 같은 블루투스 모터 컨트롤이 나온다. 이 앱을 설치하면 된다

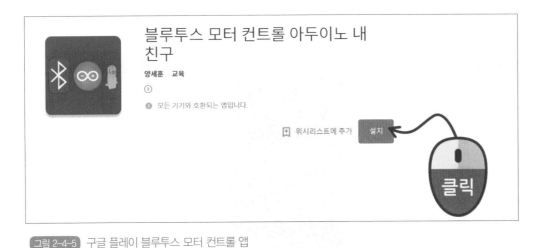

구글 플레이 블루투스 모터 컨트롤 앱

그림 2-4-6처럼 다운로드한 앱을 터치하면 그림 2-4-7과 같은 컨트롤 화면이 나온다. 블루투스가 아직 연결 되지 않아 Not Connected로 나와 있다.

그림 2-4-6 앱 선택

그림 2-4-7 앱 실행

블루투스 자동차

그림 2-4-8 화면에서 맨 위에 위치한 블루투스 아이콘을 터치하면 그림 2-4-9와 같은 기기 선택 창이 나타난다. 사용할 모듈을 선택하면 그림 2-4-10처럼 글씨가 Connected라고 바뀌고 이제 모터를 컨트롤 할 수 있다.

그림 2-4-8 블루투스 선택

그림 2-4-9 블루투스 기기 선택

그림 2-4-10 블루투스 접속

그림 2-4-11 에서 윗방향 화살표를 터치하면 모터가 정방향으로 회전한다. 가운데 있는 빨간 원을 터치하면 모터는 정지하고, 아래 방향 화살표를 터치하면 모터는 역방향 회전을 한다

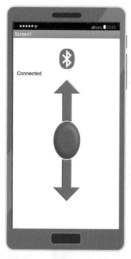

그림 2-4-11 모터회전방향

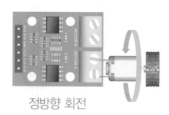

정방향 회전

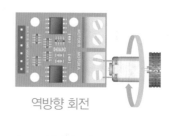

역방향 회전

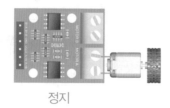

정지

정지

5 블루투스 자동차 만들기

블루투스 차체를 만드는 방법은 앞에 있는 초음파 차량 및 2편에 있는 라인 트랙 자동차 만들기와 같은 방법이다. 센서 대신 블루투스 모듈만 브레드보드 위에 장착하면 된다.

그림 2-5-1과 같이 각 부품들을 차체에 고정시킨다.

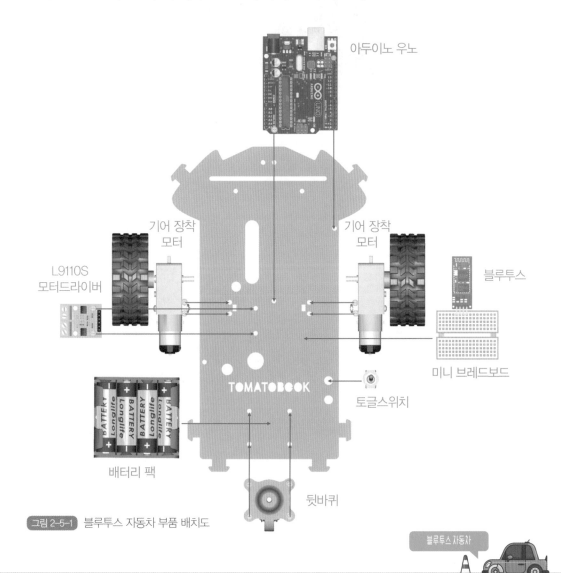

아두이노 우노

기어 장착 모터

기어 장착 모터

L9110S 모터드라이버

블루투스

미니 브레드보드

토글스위치

TOMATOBOOK

배터리 팩

뒷바퀴

그림 2-5-1 블루투스 자동차 부품 배치도

블루투스 자동차

모든 부품을 조립하면 그림 2-5-2와 같은 모양을 갖추게 된다.

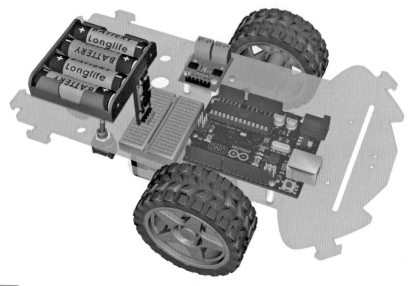

그림 2-5-2 차체조립 완성도

다음은 회로 연결이다.

아두이노와 블루투스 모듈을 그림 2-5-3과 같이 연결한다.

모터 드라이버 아래쪽을 아두이노의 3번과 5번 디지털 핀에 연결한다.

모터를 드라이버와 연결하고 파워라인을 각 부품에 연결한다.

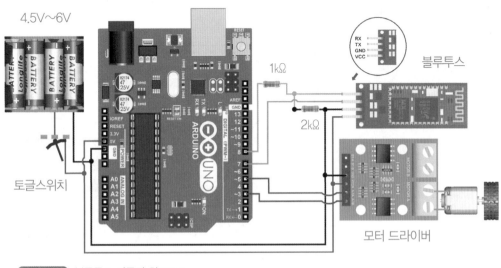

그림 2-5-3 블루투스 자동차 회로도 1

그림 2-5-4는 전체 회로 연결 도면이다.

회로에 공급되는 배터리 전원은 토글스위치로 연결/차단한다.

그림 2-5-5는 독자들이 보기 편하도록 브레드보드를 사용한 그림을 크게 그려 놓은 것이다.

실제에서는 블루투스 모듈을 브레드보드 윗쪽인 빈곳에 위치시켜 배선하기 편하게 부품들을 배치하는 것이 좋다.

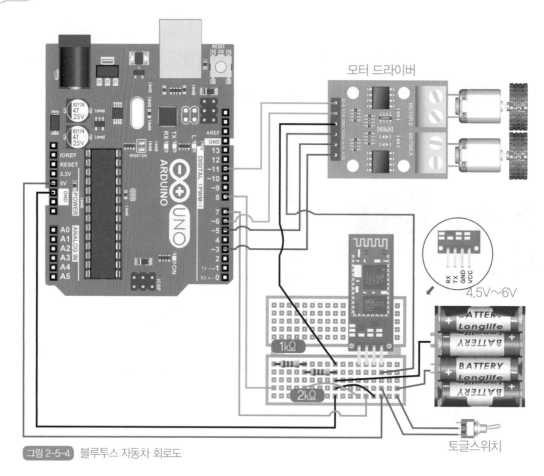

모터 드라이버

4.5V~6V

BATTERY Longlife
BATTERY
BATTERY
BATTERY Longlife

RX TX GND VCC

토글스위치

그림 2-5-4 블루투스 자동차 회로도

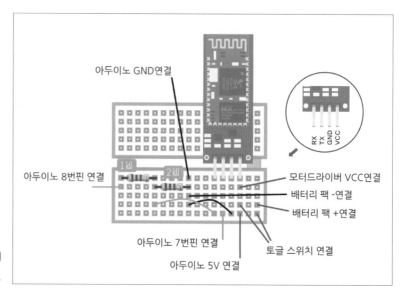

아두이노 GND연결

RX TX GND VCC

아두이노 8번핀 연결

모터드라이버 VCC연결

배터리 팩 -연결

배터리 팩 +연결

토글 스위치 연결

아두이노 7번핀 연결

아두이노 5V 연결

그림 2-5-5

블루투스 모듈 장착 개념도

6 블루투스 자동차 스케치 작성하기

차체가 완성되었으니 이제는 스케치 코딩을 만들 차례이다.

컨트롤 하는 독자의 신호만 받으면 되기 때문에 초음파 자동차 스케치보다 간단하다.

```
아두이노                                        _  □  X

파일  편집  스케치    툴    도움말

Bluetooth_Car_App_ino

1
2    #include <SoftwareSerial.h>
3     SoftwareSerial BT_Serial(7, 8); //RX, TX
4
5     String value; // Store incomming command data
6     int Mspeed  ; // Motor speed
7     int bal = 40;      // speed balance
8
9     const int AIA = 3 ;   // Motor A
10    const int AIB = 5 ;
11    const int BIA = 6 ;   // Motor B
12    const int BIB = 11 ;
13
14    void setup() {
15     BT_Serial.begin(9600);
16
17     pinMode(AIA, OUTPUT) ;   pinMode(AIB, OUTPUT) ;
18     pinMode(BIA, OUTPUT) ;   pinMode(BIB, OUTPUT) ;
19    }
20
21    void loop() {
22     while (BT_Serial.available() ) {  // while there is data
23     delay(50);
24     char c = BT_Serial.read();
25     value = value + c;    //Command such as "forward"
26     }
27
```

블루투스 자동차

```
28      if (value.length() > 0) {
29
30        if (value == "low")   { Mspeed = 60 ;   }
31        if (value == "mid")   { Mspeed = 120 ; }
32        if (value == "high")  { Mspeed = 180 ; }
33        if (value == "max")   { Mspeed = 255 ; }
34
35      if(value == "forward") { forward(Mspeed, bal=25) ; }
36      if(value == "reverse") { reverse(Mspeed, bal=45) ; }
37      if (value == "right")  { right(Mspeed) ; }
38      if ( value == "left")  { left(Mspeed) ;  }
39      if (value == "stop")   { brake() ; }
40
41       value=""; // clear the string for new data
42      }
43    }
44   //------- functions -------------//
45
46    void forward(int Mspeed, int bal) {
47      int Speed= Mspeed -bal ;
48      delay(50) ;
49      analogWrite(AIA, Speed);//왼바퀴
50      analogWrite(AIB, LOW);
51      analogWrite(BIA, Mspeed); //오른바퀴
52      analogWrite(BIB, LOW);
53    }
54    void reverse(int Mspeed, int bal) {
55     int Speed= Mspeed -bal ;
56      delay(50) ;
57      analogWrite(AIA, LOW);     analogWrite(AIB, Speed);
58      analogWrite(BIA, LOW);     analogWrite(BIB, Mspeed);
59    }
60     void right(int Speed) {
61       delay(50) ;
62       analogWrite (AIA,Speed);  analogWrite (AIB,LOW);
63       analogWrite (BIA,LOW);    analogWrite (BIB,LOW);
64    }
65     void left(int Speed) {
66       delay(50) ;
67       analogWrite (AIA, LOW);    analogWrite (AIB, LOW);
68       analogWrite (BIA, Speed);  analogWrite (BIB, LOW);
69    }
70     void brake() {
71       delay(50) ;
72       analogWrite (AIA, LOW);    analogWrite (AIB, LOW);
73       analogWrite (BIA, LOW);    analogWrite (BIB, LOW);
74    }
```

그림 2-6-1 블루투스 자동차 스케치

앞에서 연습한 스케치처럼 소프트웨어 시리얼(SoftwareSerial) 라이브러리를 사용하였고 3번 줄에서 우리가 부여한 이름은 BT_Serial이며 RX와 TX를 7번과 8번 핀으로 지정하였다.

5번 줄에서 들어오는 데이터를 저장할 이름을 value로 하였고, 여러 개 글자인 단어를 담을 수 있는 String으로 하였다.

6번 줄에 있는 Mspeed는 변화시키는 모터의 속도를 넣으려고 한 것이다.

라인트레이서와 초음파 차량에서 보았듯이 왼쪽 모터와 오른쪽 모터의 회전이 서로 약간씩 다르다.

이유는 모터 자체와 케이스 안에 있는 기어들 때문에 소모 전기량과 마찰 계수가 다르기 때문이다. 이런 언발란스를 보정해 주기 위하여 7번 줄에 bal을 사용하였다.

저자가 사용한 차량의 경우는 bal=40으로 주었지만 독자의 모터들은 다른 값일 수 있다.

차량을 직진시켜보면 어느 쪽이 바퀴가 빠르고 늦은지를 볼 수 있다. 결과에 따라 −40부터 +40 사이 값으로 바꾸어 주면 된다.

9번~12번 줄에 있는 const는 뒤에 있는 숫자들 즉 지정한 3, 5, 6, 11는 프로그램이 구동될 때 어떠한 경우에도 바뀌지 않아야 한다는 것이다.

AIA~BIB는 모터 드라이버에 있는 핀 이름이며, 숫자는 연결한 아두이노 핀 번호들이다.

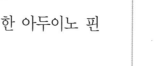

22번~26번 줄은 while( )에 속해 있다. 블루투스 데이터가 들어오면 24번 줄에 가서 읽고 캐릭터 값으로 c에 저장한다.

그런 다음 String으로 지정한 value에 합한다. 이유는 한 번에 들어오는 데이터가 1 글자씩이기 때문이다.

전진인 forward 인 경우 일곱 번 반복해서 단어를 만드는 것이다.

28번은 당연하게 단어이므로 길이가 0보다 크므로 30번 줄부터 들어온 명령이 어디에 해당하는지 비교하면서 내려간다.

41번 줄은 새로운 명령 단어를 담기 위하여 안에 있는 단어를 지우는 것이다.

44번 줄부터는 만든 함수로 모터의 회전 방향을 결정하는 것들이다.

47번과 55번 줄은 회전 속도의 언밸런스를 맞추기 위한 것이다.

앞에서 언급 하였듯이 독자의 차량에 따라 bal 값을 7번 줄에서 조정해 주어야 한다. 그림 2-6-1의 스케치 파일은 http://cafe.naver.com/arduinofun에 방문하여 다운로드 받을 수 있다.

차량도 만들었고 스케치도 완성되었으니 이제 마지막으로 남은 한 가지는 스마트폰에 설치할 컨트롤 앱이다.

다운로드한 블루투스 카 앱 사용하기

앱 만드는 방법은 3장에 있다.

자동차를 빨리 컨트롤 해보고 싶어할 성급한 독자들을 위하여 우리가 만들 앱을
구글 플레이 스토어에 올려 놓았다.

먼저 사용해 보고 만드는 방법을 학습해도 무방하다.

구글 플레이 스토어에서 "아두이노 내 친구"를 입력하면 나오는 앱들 중에서 그
림 2-6-2와 동일한 "블루투스 카 아두이노 내친구" 앱을 스마트폰에 설치하기
만 하면 된다.

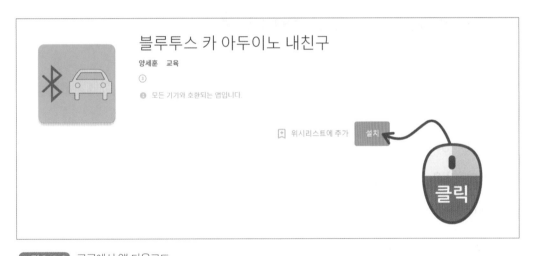

그림 2-6-2 구글에서 앱 다운로드

그림 2-6-3처럼 다운로드한 앱을 터치하면 그림 2-6-4와 같은 컨트롤 화면이 나온다.

지금은 블루투스가 연결되어 있지 않아 왼쪽 상단에 Not Connected라는 글씨가 나온다.

그림 2-6-3 앱 선택

그림 2-6-4 앱 실행

그림 2-6-5와 같이 맨 위쪽 중앙에 있는 블루투스 이미지를 클릭하면 그림 2-6-6과 같은 블루투스 기기 선택 창이 나온다. 이때 차량의 스위치는 켜져 있는 상태이어야 한다.

여기에서 독자가 사용하는 블루투스 모듈을 선택해주면 모든 설정은 완료된다. 연결이 되면 그림 2-6-7과 같이 왼쪽 상단에 Connected라는 단어가 나온다.

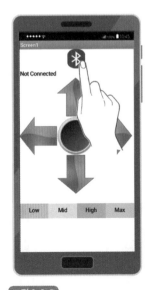

그림 2-6-5
블루투스 아이콘 클릭

그림 2-6-6 블루투스 기기 선택

그림 2-6-7
블루투스가 연결된 창

앱 사용 방법은 그림 2-6-7의 하단에 있는 속도를 선택한다.

정지 상태에서 Low로 출발할 경우 배터리가 약하면 모터의 기어 및 바퀴의 마찰력 때문에 차가 구동하지 않을 수 있다. Mid 또는 High로 출발하면 된다. Max는 단어 그대로 최고 속도이다.

바닥이 미끄러우면 왼쪽 또는 오른쪽으로 방향을 전환할 때 차가 360도까지 회전할 수도 있다. 이런 경우에는 그림 2-6-1 스케치에서 62번과 68번 줄에 있는 Speed 값을 255 보다 훨씬 적은 수로 바꾸어 주면 된다.

배터리가 많이 소모되면 차가 정상적으로 구동되지 않는다. 새 것으로 교체해 주어야 한다.

블루투스 자동차

Smart Phone
APP

Android

Bluetooth

ARDUINO

3

스마트폰 앱 만들고 자동차 컨트롤하기

스마트폰 앱을 만들기 위하여 우리가 사용할 소프트웨어는 세계적으로 유명한 미국의 MIT 공과대학에서 개발한 앱 인벤터 2(App Inventor 2)이다.

무료 소프트웨어이고 쉽고 편리하고 활용성이 좋아 세계 많은 사람과 기관들이 교육용 및 앱 개발용으로 사용하고 있다.

소프트웨어를 별도로 다운로드할 필요 없이 열리는 앱 인벤터 화면에서 바로 앱을 만든다. 제작 완성 후 컴퓨터 화면에 QR코드가 만들어지고, 이것을 스마트폰 카메라로 보기만 하면 앱이 내 스마트폰에 바로 설치된다. 앱을 컴퓨터 파일로 다운로드 받을 수도 있어 친구들에게 만든 앱을 나누어 줄 수도 있다.

아쉬운 점은 현재는 안드로이드폰에서만 사용할 수 있다. 그러나 조만간 애플폰 앱을 만드는 소프트웨어가 출시될 예정이라는 반가운 소식이 있다.

1. 바킹 독(Barking Dog) 앱 만들기

2. 이지 라이팅(Easy Writing) 앱 만들기

3. 블루투스 사용 무선 엘이디(LED) 컨트롤 앱 만들기

4. 블루투스 무선 자동차 컨트롤 앱 만들기

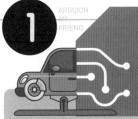

바킹 독(Barking Dog) 앱 만들기

스마트폰 화면을 터치하면 귀여운 퍼피가 주인을 반기는 소리를 내는 앱을 만들어 보자.

첫 번째로 준비할 사항은 예쁜 퍼피의 사진이다. 크기는 독자의 스마트폰 윈도우 크기에 따라 다르지만, 약 400×400픽셀 내외의 크기면 좋다.

다음으로 준비할 것은 퍼피가 주인을 반기는 사운드이다. 수초 정도의 짧은 mp3 파일이면 된다. 퍼피의 그림과 사운드를 그림 3-1-1처럼 찾기 편하게 별도의 파일에 저장해 둔다.

그림 3-1-1 사운드 및 이미지 파일

PC에서 만든 앱을 스마트폰에 받는 방법은 구글 플레이에 MIT가 올린 앱 1개를 사용하면 된다.

구글 플레이에서 MIT AI2 Companion을 입력하면 그림 3-1-2와 같은 앱이 나오며 설치를 터치하면 된다.

무료 앱이며 사용 방법은 잠시 후에 설명한다.

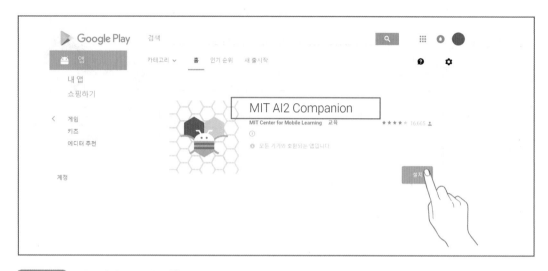

그림 3-1-2 MIT AI2 Companion 앱

앱 만들기 준비

그림 3-1-3처럼 구글 검색창에 app inventor를 입력하여 MIT App Inventor 사이트를 찾는다. 이곳을 클릭하여 사이트로 들어간다.

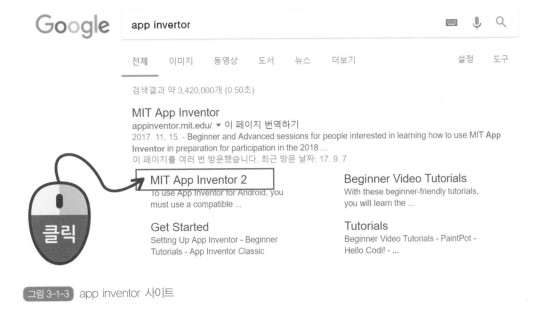

그림 3-1-3 app inventor 사이트

열린 app inventor 창에서 새로운 프로젝트를 시작하기 위하여 오른쪽 위에 있는 Create apps!를 클릭하면 구글에 계정을 만들라는 창이 열린다. 〈그림 3-1-4〉

그림 3-1-4 app inventor 사이트

구글 계정을 만든다. 구글 계정은 금세 만들어진다.

이미 구글 계정이 있으면 그것을 사용하면 된다.

이제 본격적으로 앱을 만들 차례이다.

| 앱 만들기

그림 3-1-5는 앱이 열리면서 나오는 첫 화면이다. 이 화면을 디자이너 창이라고 부른다. 오른쪽 위에 Designer라는 글씨❶로도 확인할 수 있다.

화면에 여러 메뉴들이 있지만, 우선 큰 그림부터 보고 나머지는 사용할 때 설명하기로 하자.

[그림 3-1-5] app inventor 디자이너 창

왼쪽에 보면 팔레트(Pallet)❷가 있다. 그림을 그릴 때 물감들이 있는 팔레트 같은 곳이다.

앱 만들고, 자동차 컨트롤

팔레트 아래를 보면 User Interface라는 메뉴가 있고 그 아래 button 같은 세부 항목이 있다. 이 세부 항목에 있는 아이템을 가운데에 있는 스마트폰 화면❸에 드래그 하며 화면을 디자인한다.

컴포넌트❹는 화면에 있는 세부 항목들을 나타내준다.

맨 오른쪽에 있는 특성(Properties)❺은 세부 항목의 내용을 세팅할 수 있게 해준다.

직접 써보면서 더 파악하기로 하자.

위쪽에 있는 메뉴 바에서 Project를 클릭하면 세부 메뉴가 나온다. 새로운 프로젝트를 시작하기 위하여 Start new project를 클릭한다. 〈그림 3-1-6〉

그림 3-1-6 새 프로젝트 시작

그림 3-1-7과 같이 새로운 프로젝트 이름을 입력하라는 창이 나온다. 독자가 원하는 이름을 주면 된다. 프로젝트 이름을 줄 때 중간에 스페이스가 없어야 한다.

이 책에서는 Dog_Barking이라고 작명하였다. 그리고 아래에 있는 OK를 클릭하면 그림 3-1-8와 같은 이름이 부여된 디자이너 창이 열린다.

그림 3-1-7 | 새 프로젝트 이름 주기

디자이너 창을 보자. 〈그림 3-1-8〉

왼쪽 위를 보면 우리가 작명한 프로젝트 이름인 Dog_Barking이 쓰여 있다.

먼저 앞에서 만든 이미지와 사운드를 미디어에 업로드 하자. 오른쪽 아래에 있는 Media 아래의 Upload File을 클릭한다.

그림 3-1-8 업로드 파일 선택

업로드 할 파일을 선택하라는 창이 열린다. 파일 선택을 클릭하여 만들어둔 파일들을 그림 3-1-9와 같이 각각 선택해 주면 된다.

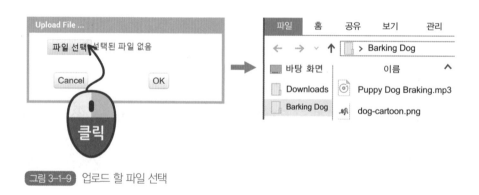

그림 3-1-9 업로드 할 파일 선택

그림 3-1-10과 같이 파일이 업로드 되었다.

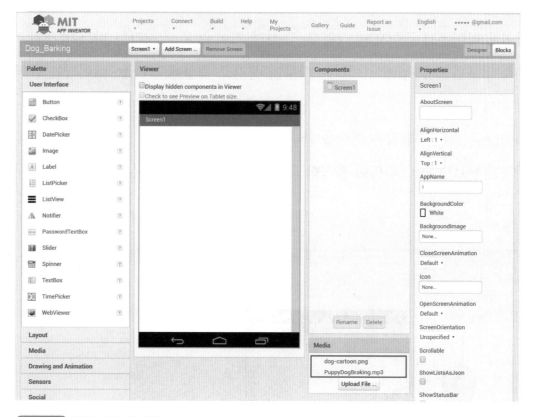

그림 3-1-10 업로드 할 파일 확인

왼쪽 메뉴 바에서 User Interface 메뉴 안에 있는 Button을 끌어 스마트폰 화면에 가져 온다.

화면에 아이콘이 들어오면 그림 3-1-11과 같이 녹색 직사각형 박스가 생기고 우측 컴포넌트에 Button1이라는 항목이 생기고 특성에도 Button1이라는 글씨가 나타난다.

Button은 스위치와 같은 역할을 한다.

이곳을 누르면 mp3 파일이 활성화 되어 소리가 나도록 하려는 것이다.

그림 3-1-11 버튼1 만들기

그림 3-1-12와 같이 특성 창 아래의 Image라는 곳을 클릭하여 Media에 업로드 한 파일을 선택한다.

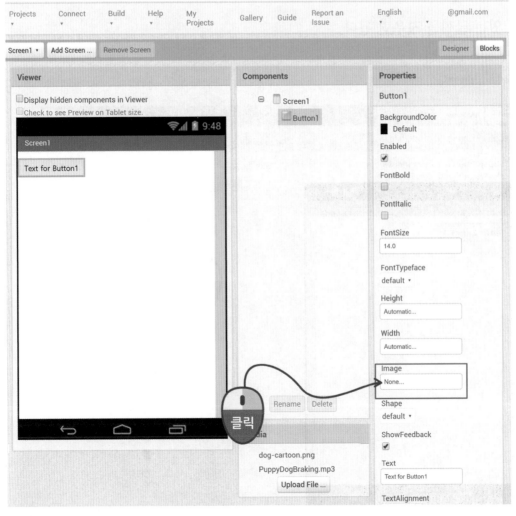

그림 3-1-12 이미지 선택

그림 3-1-13처럼 이미지 파일을 선택하여 클릭하면 그림이 버튼1(Button1) 안으로 들어간다.

버튼에 디폴트로 쓰여 있던 Text for Button1은 특성 창에 있는 Text 박스 안에 있는 글씨를 지우면 된다.

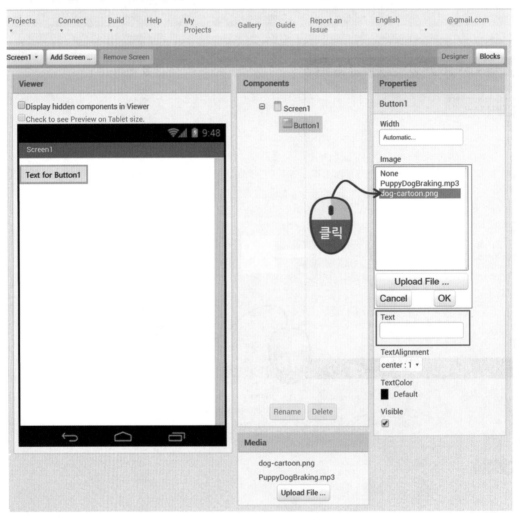

그림 3-1-13 버튼1 이미지 선택

그림 3-1-14는 퍼피 이미지가 스마트폰 윈도우의 버튼 안에 들어와 있는 보여
주고 있다.

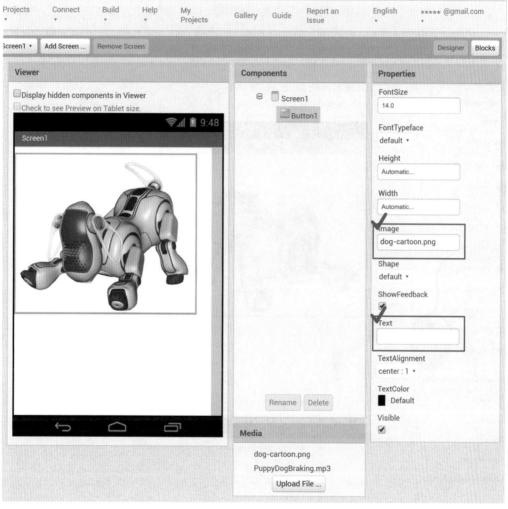

그림 3-1-14 버튼1 이미지 업로드 완료

팔레트의 Media 메뉴 세부 항목인 사운드 아이콘을 폰 윈도우에 드래그한다.

그러면 그림 3-15처럼 아이콘이 스마트폰 밑에 나타난다.

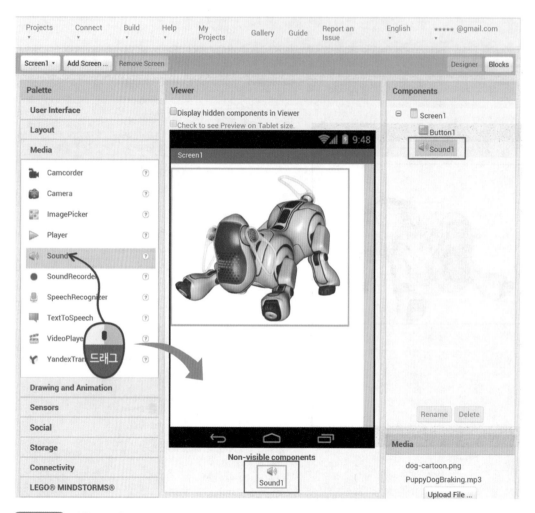

그림 3-1-15 사운드 드래그

사운드의 특성을 세팅하기 위하여 그림 3–16처럼 오른쪽에 있는 특성 창에서
Source를 클릭하여 사운드 파일을 선택한다.

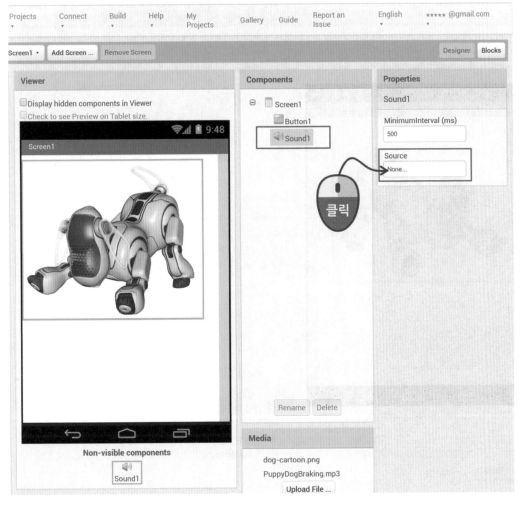

그림 3-1-16 사운드 소스 선택

열린 사운드 선택 창에서 사운드 파일을 선택하면 된다. 〈그림 3-1-17〉

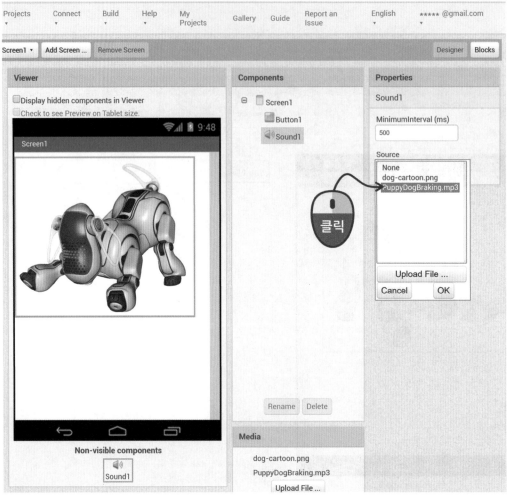

그림 3-1-17 사운드 파일 선택

소스 창에 사운드 mp3 파일이 들어와 있는 것을 볼 수 있다. 〈3-1-18〉

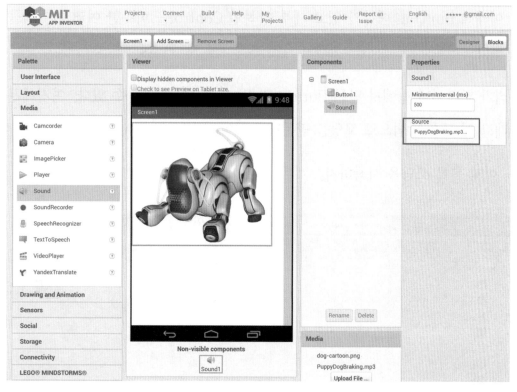

그림 3-1-18 사운드 파일 업로드 완료

이제 디자이너 창은 완료되었으니 프로그램을 만드는 블록 창으로 이동하자.
오른쪽 위에 있는 Blocks를 클릭하면 된다.

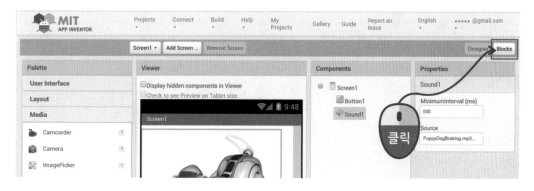

그림 3-1-18 블록 창 선택

그림 3-1-19의 열린 블록 코딩 창을 보면 왼쪽 위에 프로젝트 이름이 있다.

그 아래에 Built-in 메뉴가 있고 세부 항목인 Control을 비롯한 여러 아이템들이 있다.

우리가 디자이너 창에서 만든 Button1과 Sound1 메뉴도 볼 수 있다. 여기에서 드래그 앤 드롭 방법으로 코딩을 만든다.

자, 이제 블록 코딩을 시작하자.

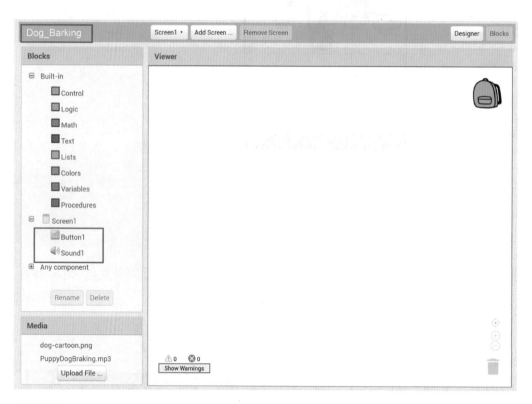

그림 3-1-19 블록 코딩 창

우리가 만든 Button1을 클릭하면 코딩 아이템들이 보인다. 〈그림 3-1-20〉

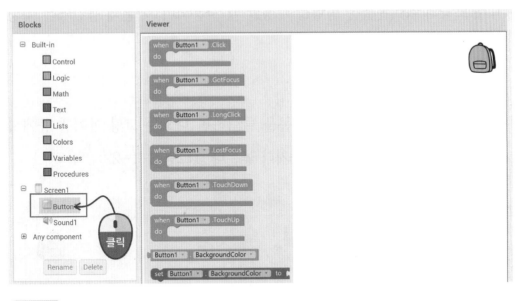

그림 3-1-20 버튼1을 클릭

'버튼을 클릭했을 때'라는 뜻인 When Button1 Click을 드래그 해서 오른쪽에 있는 넓은 캔버스로 가져다 놓는다. 〈그림 3-1-21〉

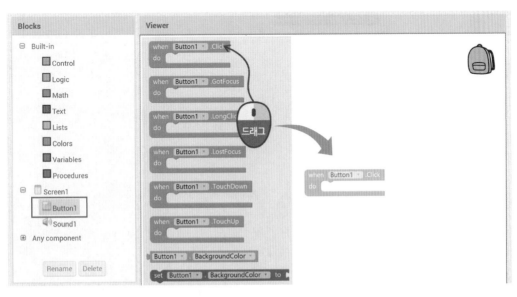

그림 3-1-21 When Button1 Click 드래그

앱 만들고, 자동차 컨트롤

ㄷ 글자 모양으로 되어 있고 가운데 위쪽 공간에 아래로 내려온 홈이 있다. 이런 ㄷ자 모양의 아이콘들은 명령을 수행할 때 사용되며, 가운데 공간에는 수행할 내용이 들어간다.

이번에는 우리가 만든 사운드 아이콘을 클릭하면 나오는 코딩 아이템 중에서 Call Sound1 Play를 드래그 하여 가져다 놓는다. 〈그림 3-1-22〉

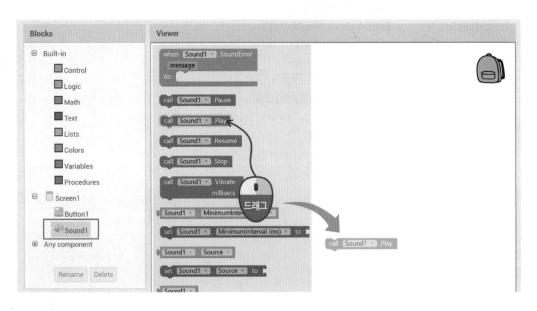

그림 3-1-22 Call Sound1 Play 드래그

블록 안쪽에 위치시키면 틱 하는 소리가 나며 서로 결합된다.

이제 두 개의 아이템이 하나로 합체되었다. 〈그림 3-1-23〉

그림 3-1-23 합체된 블록 코딩

버튼을 클릭하면 사운드 파일을 재생하라는 코딩이 된 것이다.

이것으로 코딩은 완성되었다!

컴퓨터에서 코딩이 완성되었으니, 이제 스마트폰으로 보내야 한다.

앱 인벤터 맨 위에 있는 메뉴 바에서 Build를 클릭하면 두 개의 선택 항목이 나오는데 QR 코드로 쉽게 받을 수 있는 첫 번째 항목을 선택하자. 〈그림 3-1-24〉

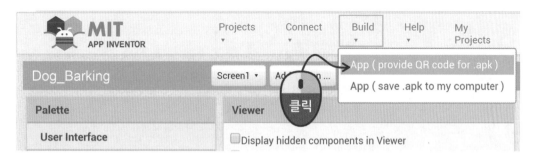

그림 3-1-24 QR 코드 생성

만든 화면 디자인과 블록 코딩을 컴파일 하는 과정이 그림 3-1-25와 같이 나오며 잠시 후 QR 코드가 나온다.

그림 3-1-25 컴파일 과정

컴파일이 끝나면 그림 3-1-26과 같은 QR코드가 만들어진다.

그림 3-1-26 생성된 QR 코드

이제 스마트폰으로 보내려면 컴퓨터와 스마트폰이 같은 WiFi 네트워크를 사용하고 있어야 한다. 같은 WiFi 네트워크를 사용하지 않을 경우, 그림 3-1-24의 두 번째를 선택하여 APK 파일을 컴퓨터에 다운로드하여 유선(케이블) 또는 무선(메일, SNS) 방법으로 폰으로 가져가서 오픈하면 된다.

컴퓨터 모니터에 생성된 QR코드를 받기 위하여 스마트폰에 다운로드한 MIT AI2 Companion 앱을 활성화한다. 〈그림 3-1-27〉

스마트폰 카메라를 PC화면 QR코드를 겨냥하고 스마트폰 화면에서 scan QR code를 터치한다. 〈그림 3-1-28〉

그림 3-1-29은 스마트폰에서 QR코드를 인식하는 화면이다.

그림 3-1-27	그림 3-1-28	그림 3-1-29 QR 코드 인식
MIT AI2 Companion 선택	scan QR code 선택	

앱 만들고, 자동차 컨트롤

구글 플레이가 아닌 다른 곳에서 온 앱이어서 스마트폰 설치 차단을 한 번 해제해 주어야 한다.

스마트폰에서 설정을 터치하여 보안 해제 창으로 간다. 〈그림 3-1-30〉

그림 3-1-31과 같이 알 수 없는 출처 오른쪽 박스에 터치하여 체크 표시로 허용해 주면 그림 3-1-32와 같이 앱이 설치된다.

그림 3-1-30 설정

그림 3-1-31 앱 설치 차단 해제

그림 3-1-32 앱 설치

설치가 끝나면 열기를 눌러 앱을 실행한다. 〈그림 3-1-33〉

이제 완성된 앱에서 퍼피를 터치해 보자! 〈그림 3-1-34〉

화면을 터치할 때 마다 퍼피가 귀엽게 짖는 소리를 들을 수 있다.

짧은 시간에 앱을 만들 수 있는 것을 경험하였다.

앱 인벤터에 있는 모든 사항을 학습한 다음 앱을 만드는 것보다 실제로 앱을 만들면서 세부 기능을 파악하는 것이 훨씬 효율적인 습득 방법이다.

그림 3-1-33 앱 설치 완료

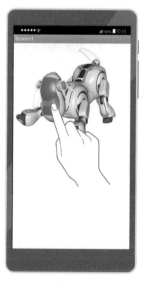

그림 3-1-34 완성된 앱

이지 라이팅(Easy Writing) 앱 만들기

윈도우에 그림을 그리고, 쉽게 지우고 할 수 있는 앱 만들기

MIT 앱 인벤터를 열고 프로젝트(Projects) 메뉴에서 새로운 프로젝트 시작 (Start new project)을 클릭한다. 〈그림 3-2-1〉

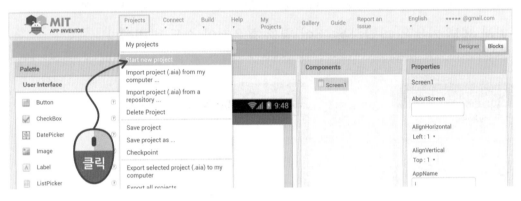

[그림 3-2-1] 새로운 프로젝트 시작

프로젝트 이름을 입력하라는 창에 Doodle이라는 이름을 부여하고 OK를 클릭한다. 〈그림 3-2-2〉

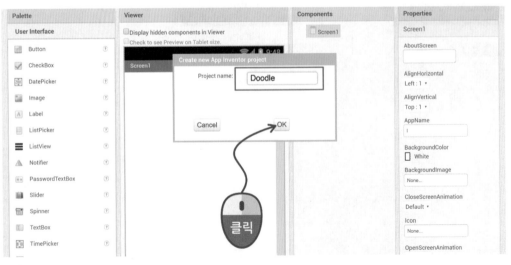

[그림 3-2-2] 새 프로젝트 이름 주기

이번 프로젝트는 스마트폰 화면에 그림을 그리는 것이다.

그림 캔버스가 필요하므로 왼쪽 메뉴 바의 Drawing and Animation에서 Canvas를 드래그 하여 스마트폰으로 가져간다. 〈그림 3-2-3〉

오른쪽 특성 창에서 높이(Height)와 폭(Width)이 Fill parent로 되어 있는지 확인한다. 만약 아니면 클릭해서 바꾸어 준다.

[그림 3-2-3] 캔버스 드래그

왼쪽 메뉴 바의 Sensor에서 가속도 센서인 AccelerometerSensor를 드래그하여 캔버스 안으로 가져가면 스마트폰 아래에 아이콘이 생긴다. 〈그림 3-2-4〉

앱 만들고, 자동차 컨트롤

그림 3-2-4 가속센서 드래그

디자이너 창은 완성되었다. 블록 창으로 이동한다. 〈그림 3-2-5〉

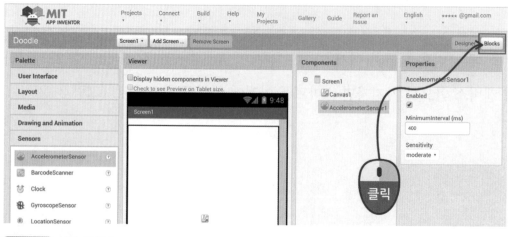

그림 3-2-5 블록 창 선택

왼쪽 메뉴 바에서 우리가 만든 Canvas1을 클릭하여 나오는 코딩 블록에서
when Canvas1.Dragged를 캔버스로 드래그한다. 〈그림 3-2-6〉

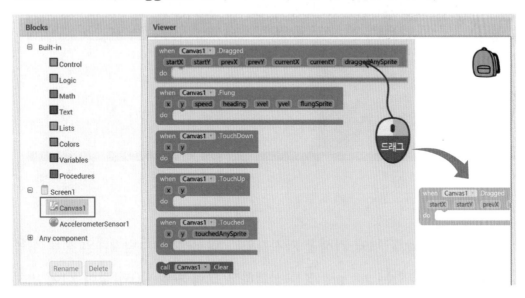

〈그림 3-2-6〉 when Canvas1.Dragged 드래그

다시 Canvas1을 클릭하여 라인(선)을 그리기 위한 Call Canvas1.Draw.Line을
캔버스에 드래그한다. 〈그림 3-2-7〉

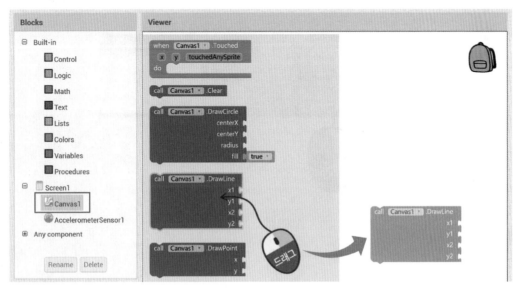

〈그림 3-2-7〉 Call Canvas1.Draw.Line 드래그

앱 만들고, 자동차 컨트롤

앞에서 드래그 한 2개의 블록을 그림 3-2-8과 같이 합체한다.

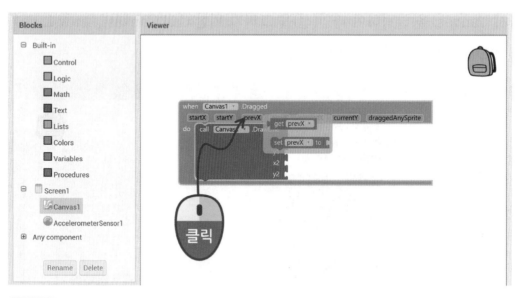

그림 3-2-8 블록 합체

합체한 블록의 prevX 위에 커서를 가져가면 그림 3-2-9처럼 2개의 선택 항목이 나타난다. 위에 있는 get prevX를 선택하고 그림 3-2-10과 같이 X1에 위치시킨다.

그림 3-2-9 get prevX 선택

그림 3-2-10과 같이 X1~Y2도 같은 방법으로 만들어 위치시킨다. 이전 위치 (X1, Y1)에서 현재 위치(X2, Y2)까지 라인을 그리라고 하는 것이다.

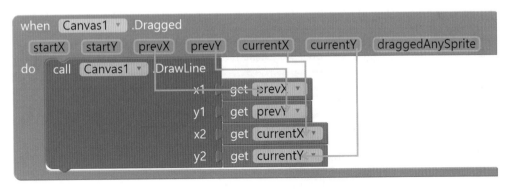

그림 3-2-10 X1~Y2 채우기

우리가 만든 AccelerometerSensor1을 클릭하여 나오는 블럭에서 '액셀로미터를 흔들었을 때'라는 뜻인 when AccelerometerSensor1.Shaking을 캔버스에 드래그한다. 〈그림 3-2-11〉

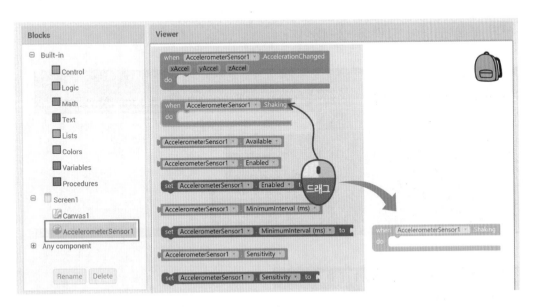

그림 3-2-11 when AccelerometerSensor1.Shaking 드래그

우리가 만든 캔버스 아이콘을 클릭하여 캔버스를 지우라는 Call Canvas1.Clear 를 드래그한다. 〈그림 3-2-12〉

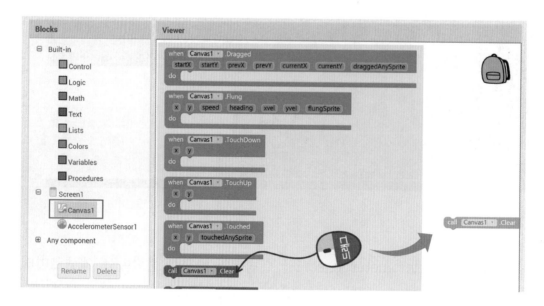

그림 3-2-12 Call Canvas1.Clear 드래그

완성된 블록 코딩이 그림 3-2-13이다.

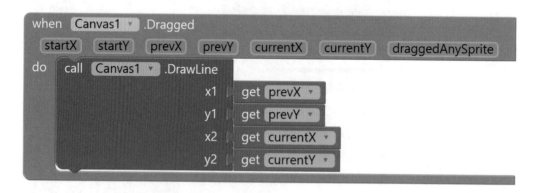

그림 3-2-13 완성된 블록 코딩

그림 3-2-14처럼 스마트폰으로 보내기 위하여 Build 메뉴에서 provide QR code를 선택한다.

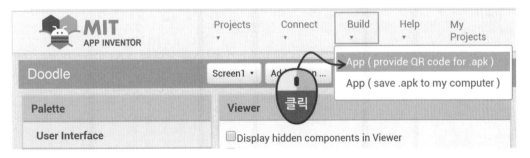

〔그림 3-2-14〕 QR 코드 생성

스마트폰에서 MIT AI2 Companion 앱을 활성화한다. 〈그림 3-2-15〉
그림 3-2-16처럼 스마트폰의 카메라를 PC 화면 QR 코드를 겨냥하고 스마트폰 화면에서 scan QR code를 터치한다.
설치 차단을 해제한다. 〈그림 3-2-17〉

〔그림 3-2-15〕 앱 선택

〔그림 3-2-16〕 QR 코드 스캔

〔그림 3-2-17〕 설정

앱 만들고, 자동차 컨트롤

그림 3-2-18처럼 설치를 허용하여, 앱을 설치한다. 〈그림 3-2-19, 20〉

그림 3-2-18 앱 설치차단 해제　　그림 3-2-19 앱 설치　　그림 3-2-20 앱 설치 완료

설치가 끝나면 열기를 눌러 앱을 실행한다. 그림 3-2-21처럼 스마트폰에 그림을 그릴 수 있다.

그림 창을 깨끗하게 지우려면 스마트폰을 흔들면 된다! 〈그림 3-2-22〉

그림 3-2-21 그림 그리기　　그림 3-2-22 흔들어 화면 지우기

독자들이 직접 만들어 파악했듯이 스마트폰 내부에 있는 가속도(Accelerometer) 센서를 활용한 앱이다.

이전 위치(prevX, prevY)에서 현재 위치(currentX, currentY)까지 선을 그리라고 하였고, 가속도 센서를 흔들면(Shaking) 화면이 지워지도록 한 것이다.

앱 만들고, 자동차 컨트롤

블루투스 사용, 무선으로
엘이디(LED) 컨트롤하는 앱 만들기

앞에서는 스마트폰 화면에서 구현하는 앱을 만들어 보았으니 이번에는 하드웨어인 아두이노 보드와 블루투스 모듈을 사용하여 엘이디를 켜고 끄는 앱을 만들어 보자.

그림 3-3-1과 같은 엘이디 컨트롤 스마트폰 앱을 만들어 보자.

위에 있는 블루투스 아이콘을 터치하여 블루투스를 연결하고, 연결 상태는 글씨로 표시한다.

파란색의 ON 버튼을 누르면 엘이디가 켜지고, 빨간색인 OFF 버튼을 누르면 엘이디가 꺼지도록 하는 앱이다.

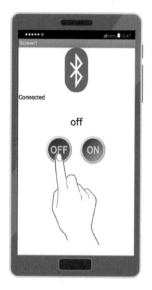

그림 3-3-1　블루투스 사용, 무선으로 엘이디 컨트롤 앱

회로를 그림 3-3-2처럼 블루투스는 7번 핀과 8번 핀에 연결하고, 엘이디는 13번에 연결하자. 이전에 사용하였던 회로와 같은 회로이다.

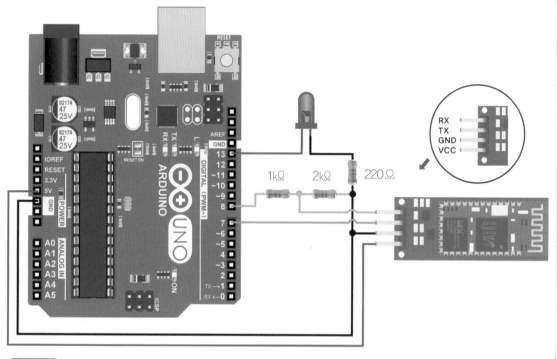

그림 3-3-2 블루투스 회로

스마트폰 화면에 나타낼 블루투스 아이콘과 ON 그리고 OFF 버튼 이미지를 준비하자.

그림 3-3-3과 같은 이미지는 아니어도 된다. 어떤 모양이어도 되지만, 블루투스 이미지는 크기가 250×250픽셀 이내의 것을, 버튼은 200×200픽셀 이내의 것이 바람직하다. 너무 크면 화면 조정이 어렵고, 작으면 터치할 때 불편하다.

이미지를 다운받아서 개인적으로 사용하는 것은 무방하지만 허가를 받지 않은 이미지를 상업적으로 사용하면 안 된다.

그림 3-3-3 준비할 이미지

그림 3-3-4에 있는 아두이노 스케치를 다시 간략하게 설명하겠다.

```
∞ 아두이노                                            _ □ ✕

파일 편집 스케치  툴  도움말

✓ ➔ 📄 ⬆ ⬇                                          🔎

LED_ON_OFF_App_ino                                  ▼

1
2    #include <SoftwareSerial.h>
3    SoftwareSerial BT_Serial(7, 8); //TX, RX
4
5    String message; // Store incomming command data
6
7    void setup() {
8     BT_Serial.begin(9600);
9     pinMode(13, OUTPUT);
10    Serial.begin(9600) ;
11   }
12
13   void loop() {
14   while (BT_Serial.available() ) {  // while there is data
15   delay(50); // 10
16   char c = BT_Serial.read();
17   message = message + c;    //Command such as "on"
18   }
19
20    if (message.length() > 0) {
21    Serial.println(message) ;
22     if (message == "on")  {
23     digitalWrite(13, HIGH) ;
24     }
25      if (message == "off") {
26     digitalWrite(13, LOW) ;
27     }
28    }
29    message = "" ; // clear the memory
30   }
```

그림 3-3-4 스케치

2번과 3번 줄은 소프트웨어 시리얼 라이브러리를 사용하기 위한 것이다.

2번 줄에서 라이브러리를 부르고, 3번 줄에서 BT_Serial이라는 이름을 부여했고, 디지털 핀 7번과 8번 핀을 TX와 RX로 각기 사용하겠다고 해 주었다.

5번 줄에서 message라는 단어에는 여러 개의 글자인 String으로 저장한다고 한 것이다.

셋업하는 8번 줄에서 블루투스 데이터 전송속도를 9600으로 준비시켰다.

14번 줄에서 while( )은 '~을 하는 동안'이라는 뜻의 명령이다. BT_Serial. availabe( )은 '블루투스 핀에 데이터가 있으면'이라는 뜻이다.

14번 줄을 전체적으로 해석하면, '블루투스 핀에 데이터가 들어오면 이어지는 중괄호 { } 안에 있는 작업을 하라.'는 것이다. 중괄호는 18번까지이다.

15번 줄에 있는 delay(50)은 데이터를 읽을 때 조금 천천히 읽어 에러가 생기지 않도록 한 것이고 50 대신 10을 사용해도 무방하다.

16번 줄에 있는 char는 다음에 있는 c에 문자인 캐릭터를 저장하겠다는 것이다.

17번 줄에 있는 message는 5번 줄에서 글자의 모음인 String으로 지정하였다.

블루투스에서 오는 데이터는 한 번에 한 개의 캐릭터가 오기 때문에 while에서 반복하면서 c에서 읽은 한 개씩의 캐릭터를 message에 합하는 것이다.

예를 들어 스마트폰에서 on을 보내면 블루투스 모듈에서 첫 번째는 o를 받아 c와 message에 저장하고 다음번에는 n을 받아 c에 그리고는 message에서 이전 캐릭터와 합체되어 on이 된다.

더 이상 새 데이터가 없으면 20번 줄로 가서 message에 있는 캐릭터 길이가 0

앱 만들고, 자동차 컨트롤

보다 긴지, 즉 데이터가 있는지 파악하고 있을 때 21번 줄에서 프린트하고, 22번 줄에서 message가 on이라는 글씨면 23번 줄에 있는 명령인 엘이디를 켠다.

메시지가 off인 경우에는 25번과 26번 줄에 의해 엘이디를 끈다.

29번 줄에 있는 " "는 데이터가 잠시 머무는 버퍼 메모리를 청소하기 위한 것이다. 이전에 캐릭터인 char을 사용할 때는 작은따옴표 ' '를 사용하였지만, 스트링에서는 큰따옴표 " "를 사용해야 한다는 것을 유념하기 바란다.

블루투스 모듈에 보내어지는 통신 데이터를 확인해 보기 위하여 그림 3-3-4에 있는 스케치에서 10번 줄에 Serial.begin( ) 21번 줄에 Serial.println( )을 포함시켰다. 이 두 개의 단어가 없어도 블루투스 작동에는 전혀 문제가 없다. 보내는 신호를 확인해 보려고 쓴 것이다. 스마트폰에서 스위치 버튼을 터치하면 그림 3-3-5처럼 보낸 내용이 프린트 되는 것을 확인할 수 있다.

	전송
on off on off	
✓ 자동 스크롤　　　　line ending없음 ⇅　　　9600 보드레이트 ⇅	

그림 3-3-5 블루투스 신호 내용

앱 만들기 시작

앱 만들기를 시작하자.

MIT 앱 인벤터의 Project 메뉴에서 새로운 프로젝트 시작하기인 Start new project를 클릭한다. 〈그림 3-3-6〉

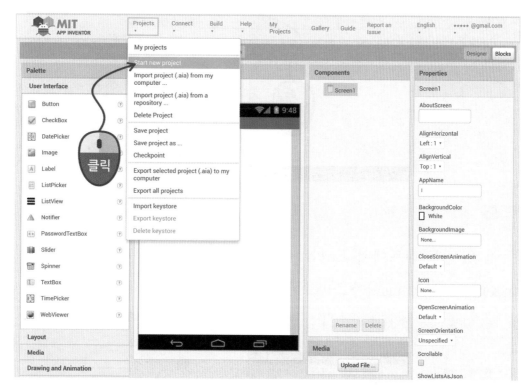

그림 3-3-6 새로운 프로젝트 시작

새로운 프로젝트 이름을 LED_ON_OFF로 하자. 〈그림 3-3-7〉

그림 3-3-7 새 프로젝트 이름 주기

왼쪽에 있는 팔레트에서 Layout 메뉴를 선택하고 세부 메뉴에 있는 HorizontalArrangement를 스마트폰 윈도우에 드래그한다. 〈그림 3-3-8〉

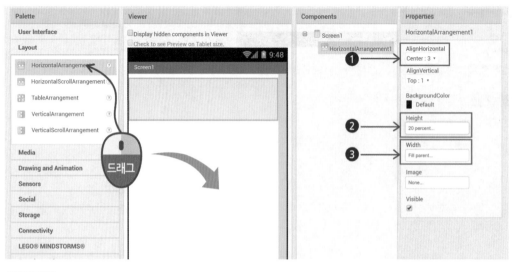

그림 3-3-8 HorizontalArrangement 드래그

HorizontalArrangement는 스마트폰 화면의 레이아웃이 수평 방향으로 깔끔하게 정리되도록 만드는데 사용된다.

오른쪽 특성 세팅에서 AlignHorizontal은 Center로 선택하여❶ 이 안에 놓이는 아이콘은 중앙에 위치하도록 한다.

높이 조절인 Height 메뉴를 클릭하여 오픈 되는 창에 20%를 입력하면❷ 전체 화면의 20% 크기인 그린 색 박스가 만들어진다.

그림 3-3-9은 오른쪽에 있는 특성 세팅에서 Height가 Automatic으로 되어 있는 상태에서 20%로 바꾸는 것을 보여주고 있다.

이 안에 블루투스 이미지를 넣으려고 준비하는 것이다.

그림 3-3-9 박스 특성 조정

팔레트의 User Interface에서 ListPicker를 선택한 다음 앞에서 만든 HorizontalArrangement 안에 놓는다. 〈그림 3-3-10〉

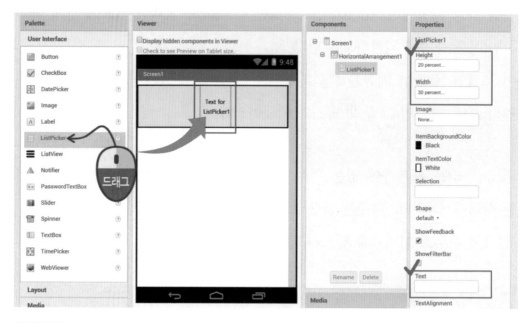

그림 3-3-10 리스트 픽커 특성 조정

리스트 픽커(ListPicker)는 앞 예제 프로젝트에서 사용한 버튼(Button)과 같은 동작을 한다. 즉 여기를 터치하면 연결된 내용을 수행한다.

다른 점은 버튼과 달리 리스트에 있는 여러 개 중에서 필요한 내용을 선택할 수 있는 기능이 추가로 있다는 것이다.

ListPicker는 특성 세팅에서 Height는 20%, Width는 30%로 한다.

Text를 쓰는 창에 있는 글씨는 지워 어떤 글씨도 남아 있지 않게 한다.

특성 창에서 ListPicker 안에 놓을 이미지를 선택한다. 〈그림 3-3-11〉

[그림 3-3-11] 이미지 선택

업로드 할 파일을 선택하라는 창이 열린다. 파일 선택을 클릭하여 만들어둔 bluetooth_icon.png 파일을 선택해주면 된다. 〈그림 3-3-12〉

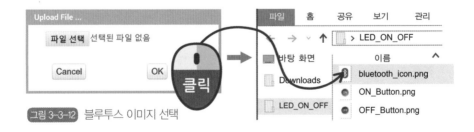

[그림 3-3-12] 블루투스 이미지 선택

그림 3-3-13처럼 블루투스의 이미지가 ListPicker 안에 들어와 있는 것을 볼 수 있다.

그림 3-3-13 들어온 블루투스 이미지

다시 HorizontalArrangement를 스마트폰 윈도우에 끌어다 놓는다. 〈그림 3-3-14〉

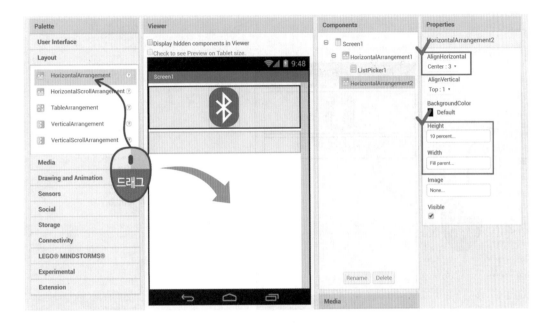

그림 3-3-14 HorizontalArrangement 드래그 와 특성 조정

특성 세팅에서 Height를 10%, Width를 Fill parent로 하고, AlignHorizontal 을 Center로 세팅한다.

여기에 블루투스 연결 상태를 알려주는 텍스트 상자를 놓으려고 준비하는 것이 다.

텍스트를 쓸 곳인 Label을 팔레트에서 선택하고 스마트폰 윈도우에 끌어다 놓는다. 〈그림 3-3-15〉

그림 3-3-15 Label 드래그

 스마트폰 화면에 글씨가 나오게 하려면 레이블(Label)을 사용한다는 것 기억해 두세요. 이후 프로젝트에도 자주 사용합니다.

특성 세팅에서 Height는 Fill parent, Width는 Fill parent, 글씨가 쓰여 있는 Text는 지우고, TextAlignment는 left를 선택한다. 〈그림 3-3-16〉 글씨가 왼쪽에 나타나도록 하려는 것이다.

그림 3-3-16 레이블 특성 조정

다시 HorizontalArrangement를 끌어다 놓는다.

이번에는 어느 버튼을 터치했는가를 표시하는 글씨를 나타내기 위한 창이다.

〈그림 3-3-17〉

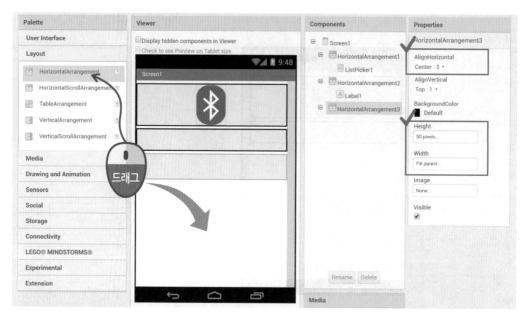

그림 3-3-17 HorizontalArrangement 드래그와 특성 조정

특성 세팅에서 AlignHorizontal은 Center로, Height는 50 pixel, Width는 Fill parent로 한다.

그림 3-3-18처럼 글씨를 나타낼 label을 끌어서 HorizontalArrangement 안에 놓는다.

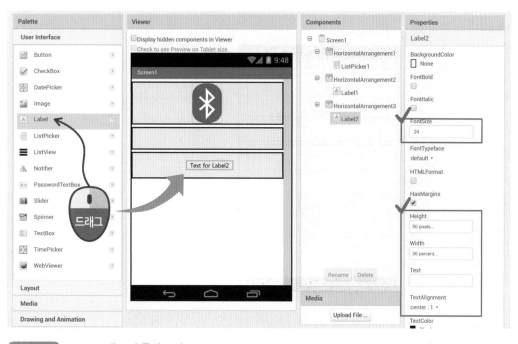

그림 3-3-18 Label 드래그 와 특성 조정

앞에서 끌어다 놓은 라벨(Label)에 이어 두 번째 이어서 컴포넌트에서 보면 Label2라고 번호가 하나 자동적으로 증가한 것을 볼 수 있다.

특성에서 글씨의 FontSize는 24, Height는 50 pixel, Width는 30%, Text는 지우고, TextAlign은 Center로 세팅한다.

여기에서 사용한 숫자 크기들은 반드시 지켜야 하는 값이 아니라 모양 좋게 디자인 하려고 경험상 얻은 수치들을 활용한 것이다.

그림 3-3-19과 같이 다시 HorizontalArrangement를 끌어다 놓는다.
이번에는 그 안에 버튼 이미지를 놓기 위한 것이다.

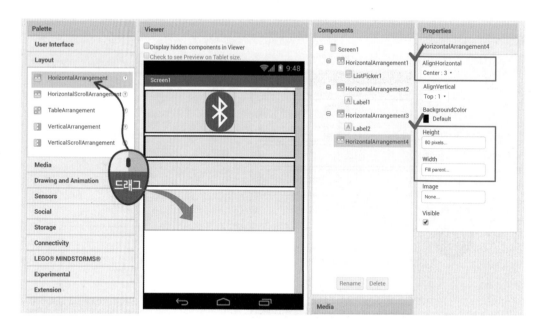

[그림 3-3-19] HorizontalArrangement 드래그와 특성 조정

특성 세팅에서 AlignHorizontal은 Center로, Height는 80 pixel, Width는
Fill parent로 한다.

이곳에 ON과 OFF 버튼 이미지를 넣으려고 한다.

버튼을 끌어다 HorizontalArrangement 안에 가져간다. 〈그림 3-3-20〉

그림 3-3-20 버튼 드래그

그림 3-3-21과 같이 특성 창에서 이미지를 선택한다.

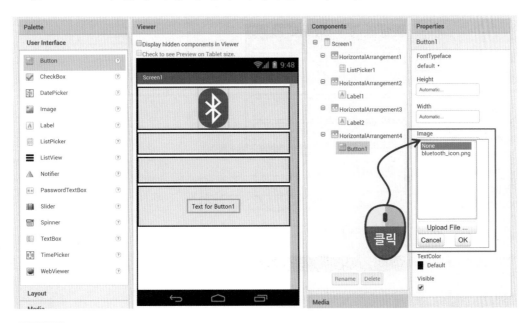

그림 3-3-21 버튼 이미지 선택

그림 3-3-22처럼 파일을 업로드 하라는 창이 나오면 만들어 두었던 이미지 창에 있는 OFF_BUTTON 이미지를 선택한다.

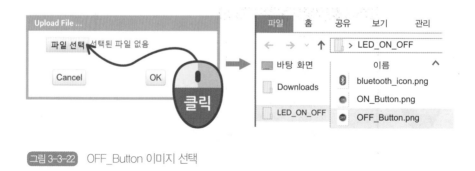

그림 3-3-22   OFF_Button 이미지 선택

그림 3-3-23과 같이 Height는 70 pixel, Width도 70 pixel로 한다. Text는 Clear시킨다.

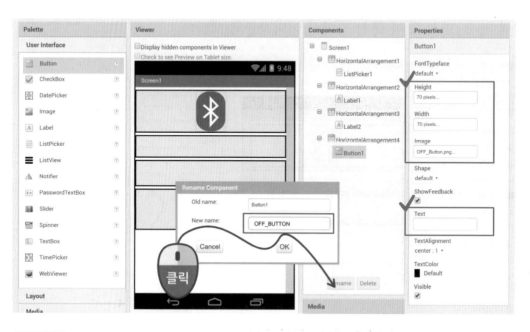

그림 3-3-23   버튼 이미지 특성 조정과 이름 변경

특성 세팅 아래 부분에 있는 Rename을 클릭하여 이름 변경 창이 나오게 하고, OFF_Button이라고 입력한 다음 OK를 클릭해서 완료한다.

이름변경(Rename)을 한 이유는 블록 코딩을 할 때 그 버튼을 어떤 목적으로 사용하려고 했는지를 파악하기 용이하도록 한 것이다. 앱의 작동 내용과는 무관하다.

그림 3-3-24처럼 VerticalArrangement를 드래그하여 OFF 버튼 옆에 위치시킨다. 다음에 만들 ON 버튼 사이에 공간을 만들어 주기 위한 것이다.

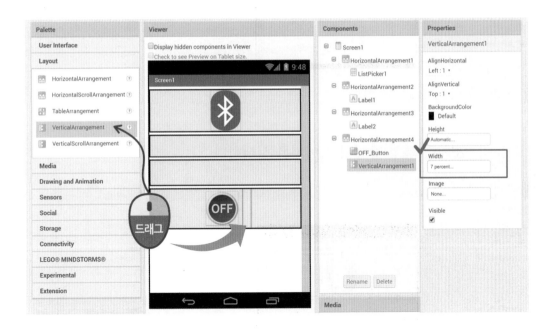

그림 3-3-24 VerticalArrangement 드래그와 특성 조정

특성에서 Width를 7%로 해준다.

그림 3-3-25처럼 버튼을 끌어다 VerticalArrangement 오른쪽에 위치시킨다.

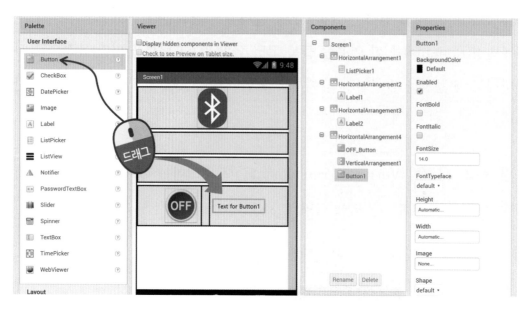

그림 3-3-25 VerticalArrangement 드래그

그림 3-3-26처럼 특성 창에서 이미지를 선택한다.

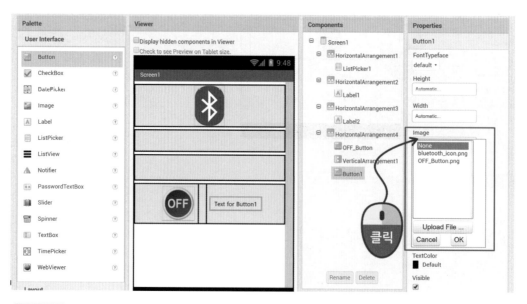

그림 3-3-26 버튼 이미지 선택

파일을 업로드 하라는 창이 나오면 만들어 두었던 이미지 창에 있는 ON_
BUTTON 이미지를 선택한다. 〈그림 3-3-27〉

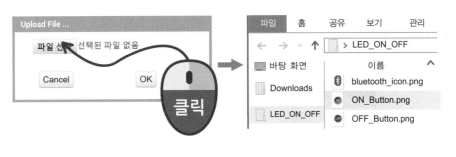

그림 3-3-27 ON_Button 이미지 선택

특성 세팅 아래 부분에 있는 Rename을 클릭하여 이름 변경 창이 나오게 하고,
ON_Button이라고 입력한 다음 OK를 클릭해서 완료한다. Height는 70 pixel,
Width도 70 pixel로 한다. Text는 Clear시킨다. 〈그림 3-3-28〉

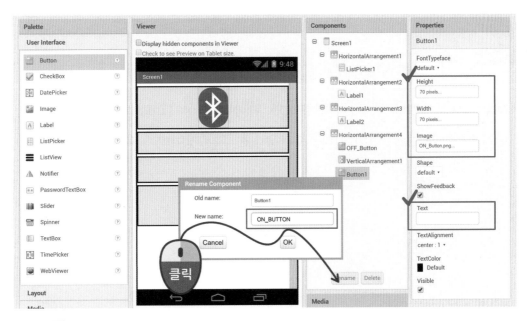

그림 3-3-28 버튼 이미지 특성 조정과 이름 변경

그림 3-3-29과 같이 팔레트의 Sensor에서 Clock을 드래그하여 스마트폰의 윈도우에 가져가면 아이콘은 스마트폰 아래 부분 외부에 만들어진다.

주어진 시간 안에 블루투스 연결 여부를 알려주는 역할을 시키려고 한다.

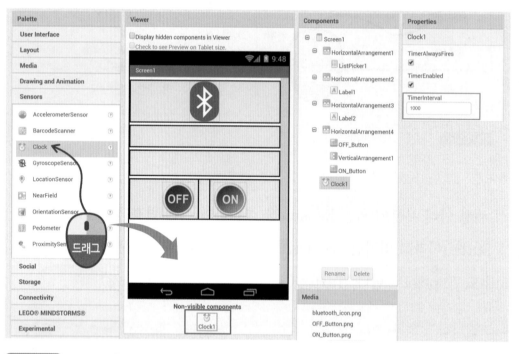

그림 3-3-29 Clock 드래그

Clock을 드래그 했을 때 디자이너 창에 나타난 특성 TimeInterval(시간간격)을 보면 1000밀리초로 되어 있다. 시간을 1초 주는 것이다.

팔레트의 Connectivity에서 BluetoothClient를 드래그 하여 스마트폰 윈도우
에 가져가면 아이콘은 Clock 옆에 만들어진다. 〈그림 3-3-30〉

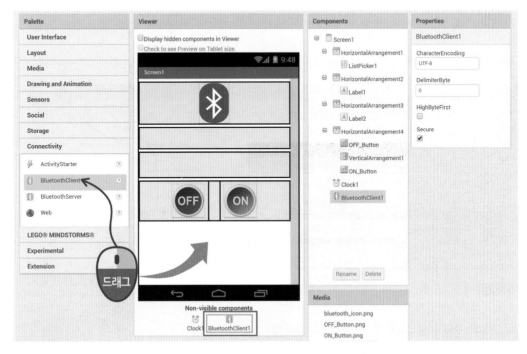

그림 3-3-30 BluetoothClient 드래그

이제 디자이너 파트는 완성되었다.

앱 만들고, 자동차 컨트롤

코딩 시작

블록 메뉴를 클릭하여 코딩을 시작하자. 〈그림 3-3-31〉

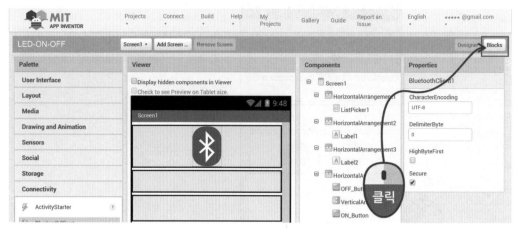

그림 3-3-31 블록 창 선택

블록 창이 열린 모습이다. (그림3-3-32)

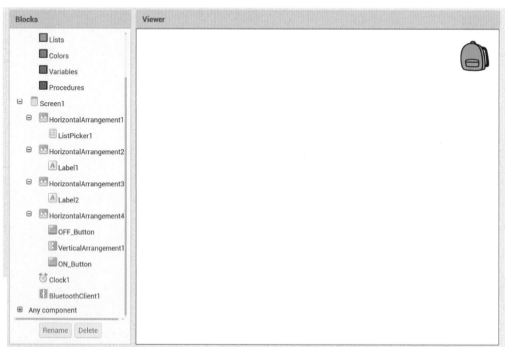

그림 3-3-32 블록 코딩 창으로 이동

블록 메뉴에서 우리가 만든 ListPicker1을 클릭하여 나오는 블록 중에서 when ListPicker1.BeforePicking을 캔버스로 드래그한다. 〈그림 3-3-33〉

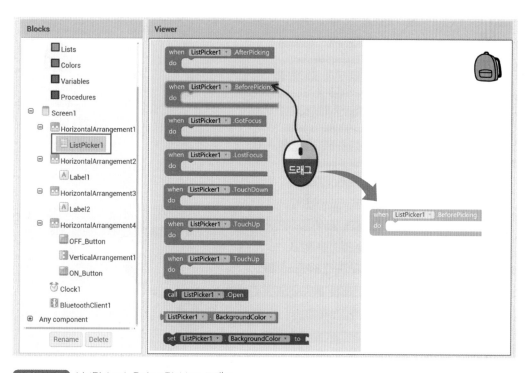

그림 3-3-33 ListPicker1 .BeforePicking 드래그

ListPicker1.BeforePicking은 블루투스 아이콘을 터치했을 때 선택할 수 있는 기기 리스트들을 볼 수 있도록 하는데 사용된다.

사용할 모듈을 선택하기 바로 전 단계이다. 조금 후 블루투스를 연결하는 블록이 완성되면 이해도가 높아질 것이다.

한 번 더 ListPicker1을 클릭하여 나오는 블록 중에서 set LstPicker1 Elements to를 캔버스로 드래그한다. 〈그림 3-3-34〉

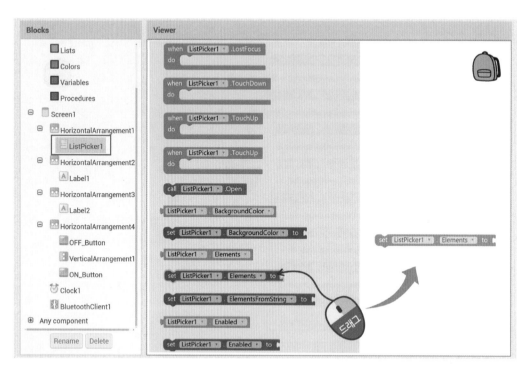

그림 3-3-34　set LstPicker1 Elements to 드래그

선택할 엘레먼트 즉 사용할 블루투스 이름과 주소를 선택하기 위한 것이다.

블록 메뉴에서 우리가 만든 BluetoothClient1을 클릭하여 나오는 블록 중에서
BluetoothClient1 AddressAndNames를 캔버스로 드래그한다. 〈그림 3-3-35〉

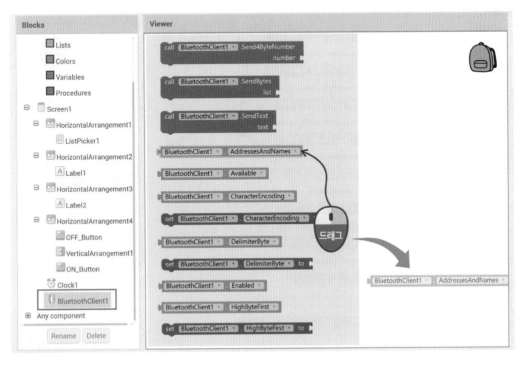

그림 3-3-35 BluetoothClient1 AddressAndNames 드래그

선택한 블루투스 이름과 주소이다.

드래그한 블록들을 합체한다. 〈그림 3-3-36〉

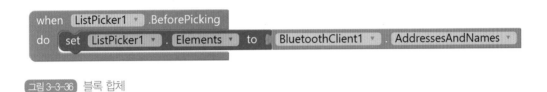

그림 3-3-36 블록 합체

ListPicker1을 클릭하여 when ListPicker1.AfterPicking을 캔버스로 드래그 한다. 〈그림 3-3-37〉

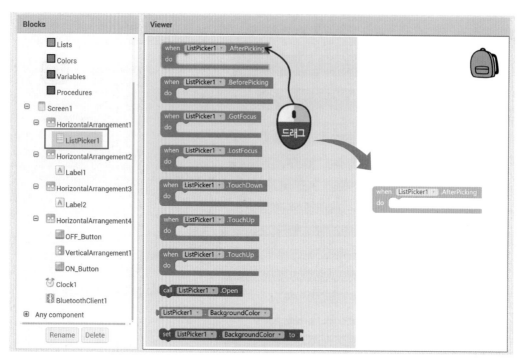

그림 3-3-37 when ListPicker1.AfterPicking 드래그

ListPicker1.AfterPicking은 스마트폰에 나타나는 리스트 중에서 사용할(여기에서는 HC-06) 블루투스를 선택한 다음이라는 뜻이다.

한 번 더 ListPicker1을 클릭하여 Set ListPicker1 Selection to를 캔버스로 드
래그한다. 〈그림 3-3-38〉

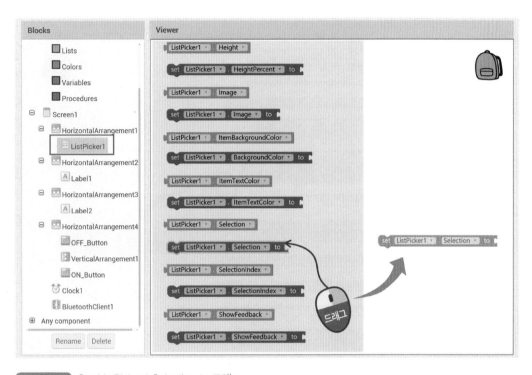

그림 3-3-38 Set ListPicker1 Selection to 드래그

Set ListPicker1 Selection to는 선택한 스마트폰에서의 주소와 이름을 어느 곳
으로라는 뜻이다.

BluetoothClient1을 클릭하여 나오는 블록 중에서 call BluetoothClient1 Connect address를 캔버스로 드래그한다. 〈그림 3-3-39〉

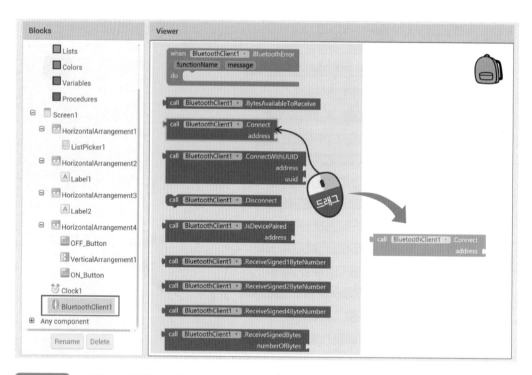

call BluetoothClient1 Connect address 드래그

call BluetoothClient1 Connect address는 스마트폰에서 선택한 주소를 가진 주위의 블루투스 모듈(기기)를 부르는 것이다. 즉 페어링 할 블루투스 기기를 찾는 것이다.

ListPicker1을 클릭하여 ListPicker1 Selection을 캔버스로 드래그한다. 〈그림 3-3-40〉 찾는 기기는 ListPicker1에서 선택한 주소라는 것이다.

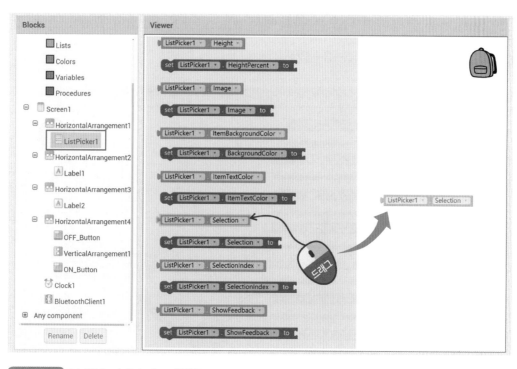

그림 3-3-40 ListPicker1 Selection 드래그

드래그한 블록들을 합체하여 블록으로 만든다. 〈그림 3-3-41〉

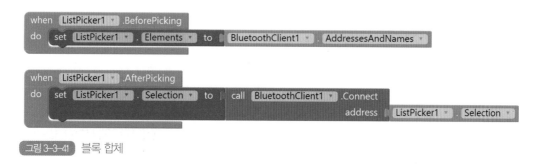

그림 3-3-41 블록 합체

블루투스를 연결하기 위하여 꽤 번잡한 과정을 거쳤다. 독자들 중에서 향후에
이런 작업을 간편하게 수행할 수 있도록 소프트웨어를 만들 수 있는 인재가 나
올 것을 기대한다.

OFF_Button을 클릭하여 나오는 블록에서 when OFF_Button.TouchUp을 캔버스로 드래그한다. 〈그림 3-3-42〉

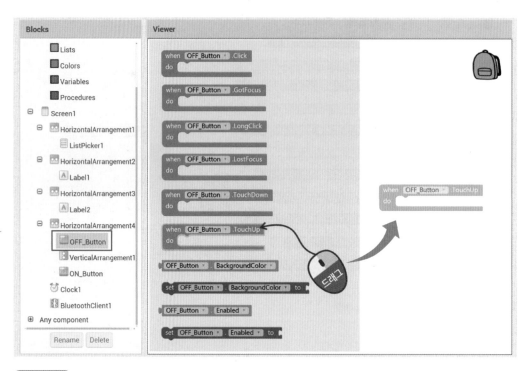

그림 3-3-42   when OFF_Button.TouchUp 드래그

퍼피 프로젝트를 수행할 때는 Button.Click을 사용했었다. 그러나 지금은 Button.Touchup을 사용하고 있다. 이 프로젝트에서는 어느 것을 사용해도 된다.
차이는 Touchup은 터치했을 때 화면상에서의 위치 정보까지 알 수 있다.

버튼을 터치하여 스마트폰에서 블루투스 모듈로 데이터를 보내기 위하여
BluetoothClient1을 클릭하여 나오는 블록 중에서 call BluetoothClient1.
SendText를 캔버스로 드래그한다. 〈그림 3-3-43〉

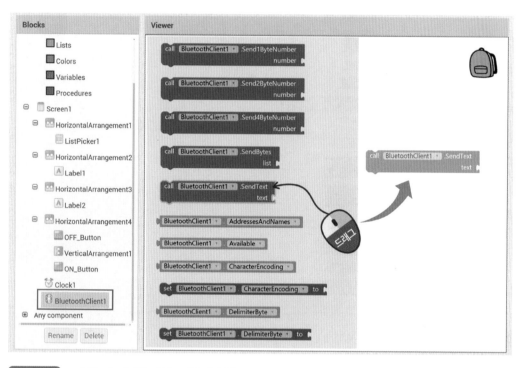

그림 3-3-43 call BluetoothClient1.SendText 드래그

보낼 데이터를 넣기 위하여 팔레트에 있는 Text 메뉴에서 큰따옴표 " "가 있는
빈 텍스트 블록을 캔버스로 드래그한다. 〈그림 3-3-44〉

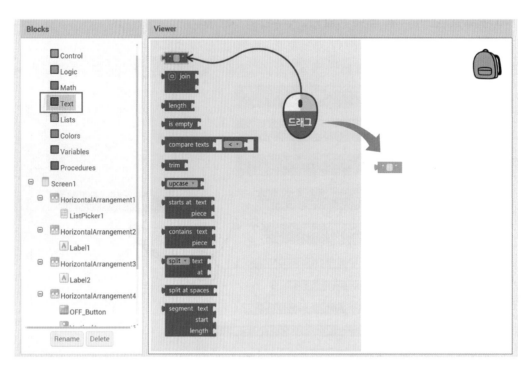

그림 3-3-44 " "가 있는 빈 텍스트 블록 드래그

드래그한 블록들을 합체한 것이 그림 3-3-45이다

```
when  ListPicker1 ▾ .BeforePicking
do    set  ListPicker1 ▾ . Elements ▾  to   BluetoothClient1 ▾ . AddressesAndNames ▾
```

```
when  ListPicker1 ▾ .AfterPicking
do    set  ListPicker1 ▾ . Selection ▾  to   call  BluetoothClient1 ▾ .Connect
                                              address  ListPicker1 ▾ . Selection ▾
```

```
when  ListPicker1 ▾ .TouchUp
do    call  BluetoothClient1 ▾ .SendText
            text   " ▮ "
```

그림 3-3-45 블록 합체

텍스트 블럭 공간에 off 단어를 입력한다. (그림 3-3-46)

```
when ListPicker1 .BeforePicking
do  set ListPicker1 . Elements to  BluetoothClient1 . AddressesAndNames

when ListPicker1 .AfterPicking
do  set ListPicker1 . Selection to  call BluetoothClient1 .Connect
                                          address ListPicker1 . Selection

when ListPicker1 .TouchUp
do  call BluetoothClient1 .SendText
                          text  " off "
```

그림 3-3-46 off 입력

ON_Button 블록을 만드는 작업은 복사 기능을 사용하여 간편하게 만들 수 있다. 만들어진 OFF_Button 블록 위에 커서를 가져다 놓고 마우스의 오른쪽을 클릭 하면 세부 메뉴들이 나오는데 그림 3-3-47처럼 Duplicate를 선택하면 된다.

```
when ListPicker1 .BeforePicking
do  set ListPicker1 . Elements to  BluetoothClient1 . AddressesAndNames

when ListPicker1 .AfterPicking
do  set ListPicker1 . Selection to  call BluetoothClient1 .Connect
                                          address ListPicker1 . Selection

when ON_Button .TouchUp
do  call            Duplicate         .SendText
                    Add Comment         text  " off "
                    Collapse Block
                    Disable Block
                    Add to Backpack (1)
                    Delete 3 Blocks
                    Help
```
클릭

그림 3-3-47 복제

앱 만들고, 자동차 컨트롤

그림 3-3-48는 복제된 블록도 보여 주고 있다. 그런데 복제된 블록 앞부분 빨간 원 안에 ×표시가 있는 것은 블록 코딩에 에러가 있다는 표시이다. 같은 코딩이 반복되었기 때문이다.

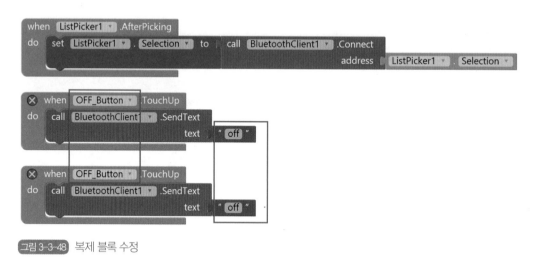

_{그림 3-3-48} 복제 블록 수정

OFF_Button 옆에 있는 역삼각형을 클릭하여 ON_Button를 선택하고 텍스트 블록에 있는 off를 on으로 바꾸어 주면 에러 표시가 없어진다. 〈그림 3-3-49〉

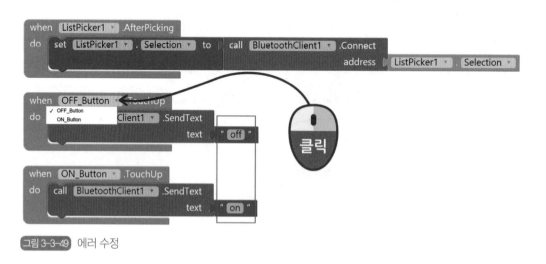

_{그림 3-3-49} 에러 수정

블루투스로 보내는 내용을 스마트폰 화면에 나타내기 위하여 Label2를 클릭하여 나오는 블록에서 set Label2 Text to를 캔버스로 드래그한다.〈그림 3-3-50〉

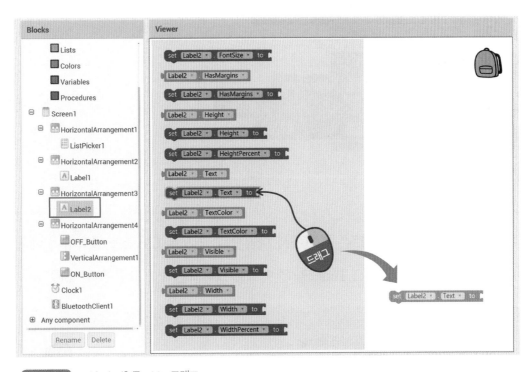

[그림 3-3-50] set Label2 Text to 드래그

앞에서 만든 OFF_Button 및 ON_Button 블록에 따옴표 있는 텍스트 블록을 연결시키고 off 및 on을 입력한다.

Text 블록을 붙이고 off 및 on이라고 입력한다. 〈그림 3-3-51〉

```
when  OFF_Button  ▾  .TouchUp
do    call  BluetoothClient1  ▾  .SendText
                              text  " off "
      set  Label2  ▾  . Text  ▾  to  " off "
```

```
when  ON_Button  ▾  .TouchUp
do    call  BluetoothClient1  ▾  .SendText
                              text  " on "
      set  Label2  ▾  . Text  ▾  to  " on "
```

그림 3-3-51 ON 및 OFF 블록 완성

블루투스 연결 여부를 스마트폰 화면에서 파악할 수 있도록 Clock를 클릭하여 나오

는 블록 중에서 when Clock1.Timer를 캔버스로 드래그한다. 〈그림 3-3-52〉

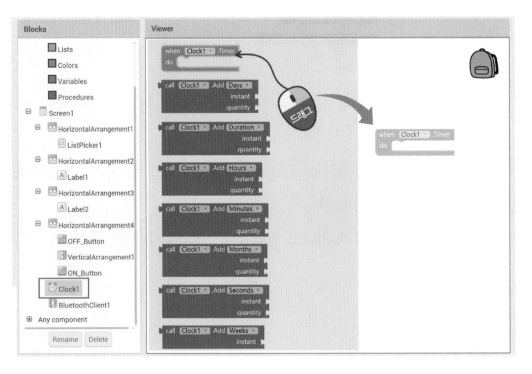

그림 3-3-52 when Clock1.Timer 드래그

연결 여부를 알리기 위한 조건문을 만들기 위하여 블록의 Control 메뉴에서 if then 블록을 캔버스로 드래그한다. 〈그림 3-3-53〉

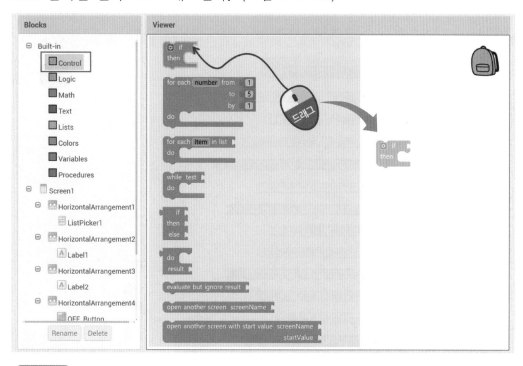

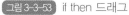
그림 3-3-53 if then 드래그

그림 3-3-54와 같이 if then 블록에 있는 설정 아이콘을 클릭하면 두 개의 선택 블록이 나오고 그림 3-3-55처럼 else를 드래그하여 오른쪽에 있는 if 안에 가져다 놓으면 if then else로 바뀐다.

그림 3-3-54 컨트롤 if then 세부 메뉴

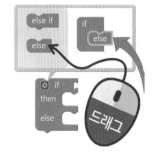

그림 3-3-55 컨트롤 if then else

앱 만들고, 자동차 컨트롤

BluetoothClient1을 클릭하여 나오는 블록 중에서 블루투스가 연결되었음을 알리는 BluetoothClient1.isConnected를 캔버스로 드래그한다. 〈그림 3-3-56〉

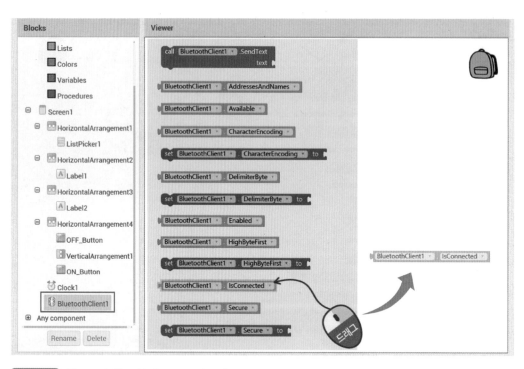

그림 3-3-56 BluetoothClient1.isConnected 드래그

if 안에 위치시킨다. 〈그림 3-3-57〉

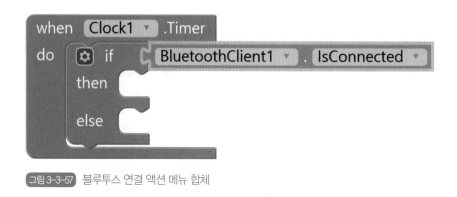

그림 3-3-57 블루투스 연결 액션 메뉴 합체

연결되었다는 글씨를 스마트폰에서도 볼 수 있도록 우리가 만든 메뉴에서 Label1을 클릭하여 나오는 블록 중에서 set Label1 Text to를 캔버스로 드래그 한다.〈그림 3-3-58〉

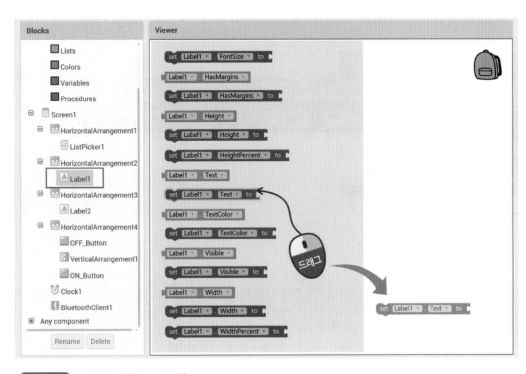

그림 3-3-58 set Label1 Text to 드래그

큰따옴표가 있는 텍스트 블록을 드래그 하여 붙인 다음 Connected라고 입력한
고 드래그한 블록들을 합체한다. 물론 이때 팔레트의 Text 메뉴에서 큰따옴표
가 있는 블록을 드래그하고 Connected라는 단어를 입력한다. 〈그림 3-3-59〉

when Clock1 ▼ .Timer
do ⚙ if BluetoothClient1 ▼ . IsConnected ▼
then set Label1 ▼ . Text ▼ to " Connected "
else

그림 3-3-59 Connected 블록 합체

복제 방법을 이용하여 else 다음에 있는 블록을 만든다. 이때 큰따옴표 안에 있
는 텍스트는 Not Connected라고 바꾼다. 〈그림 3-3-60〉

when Clock1 ▼ .Timer
do ⚙ if BluetoothClient1 ▼ . IsConnected ▼
then set Label1 ▼ . Text ▼ to " Connected "
else set Label1 ▼ . Text ▼ to " Not Connected "

그림 3-3-60 Not Connected 블록 합체

완성된 블록 코딩이 그림 3-3-61이다.

```
when ListPicker1 .BeforePicking
do   set ListPicker1 . Elements to   BluetoothClient1 . AddressesAndNames

when ListPicker1 .AfterPicking
do   set ListPicker1 . Selection to   call BluetoothClient1 .Connect
                                                        address  ListPicker1 . Selection

when OFF_Button .TouchUp
do   call BluetoothClient1 .SendText
                            text  " off "
     set Label2 . Text to  " off "

when ON_Button .TouchUp
do   call BluetoothClient1 .SendText
                            text  " on "
     set Label2 . Text to  " on "

when Clock1 .Timer
do   if   BluetoothClient1 . IsConnected
     then set Label1 . Text to  " Connected "
     else set Label1 . Text to  " Not Connected "
```

[그림 3-3-61] 완성된 블록 코딩

블루투스 이미지를 터치하고 주소를 선택하면 블루투스를 연결한다.

블루투스가 연결된 상태를 Clock1에 있는 블록 코딩으로 스마트폰 윈도우에 글씨가 나타나도록 한다. 글씨가 나타날 장소는 Label1이다.

스마트폰 윈도우에서 ON_Button을 터치하면 블루투스는 아두이노로 on이라는 글씨를 보내고, 또 스마트폰 윈도우의 Label2 위치에 on이라는 글씨가 나오도록 한다.

앱 만들고, 자동차 컨트롤

컴퓨터에서 만든 앱을 스마트폰에서 받기 위하여 Build 메뉴에서 QR 코드 생성을 선택한다. 〈그림 3-3-62〉

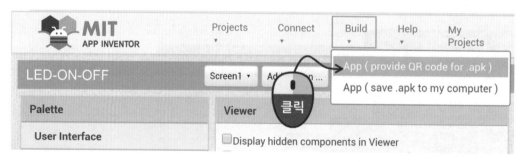

그림 3-3-62 QR 코드 생성

컴퓨터가 앱을 구성하는 과정을 보여 주고 있다. 〈그림 3-3-63〉

그림 3-3-64는 생성된 QR 코드이다.

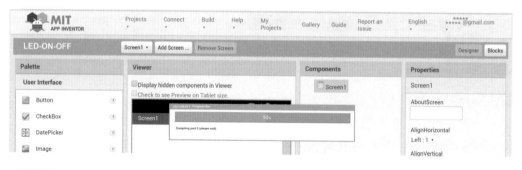

그림 3-3-63 컴파일 과정

그림 3-3-64

생성된 QR 코드

스마트폰에 다운받은 MIT AI2 Companion 앱을 활성화시킨다. 〈그림 3-3-65〉

열린 창에서 scan QR code를 터치한다. 〈그림 3-3-66〉

차단된 설치를 해제하기 위하여 설정을 선택한다. 〈그림 3-3-67〉

환경설정 창에서 알 수 없는 출처에 있는 박스를 터치하여 활성화시킨다. 〈그림 3-3-68〉

그림 3-3-65
MIT AI2 Companion 선택

그림 3-3-66 scan QR code 선택

그림 3-3-67 앱 설치 차단 해제

그림 3-3-68 설정

그림 3-3-69처럼 열린 창에서 설치를 터치해준다.

앱 설치가 완료되면 그림 3-3-70과 같은 메시지가 나온다.

열기를 터치해 준다.

앱 만들고, 자동차 컨트롤

그림 3-3-71과 같이 드디어 만든 앱이 열렸다. 그러나 블루투스에 연결되지 않았다는 Not Connected 메시지가 있다.

그림 3-3-69 앱 설치

그림 3-3-70 앱 설치 완료

그림 3-3-71 블루투스 연결 안 됨

그림 3-3-72처럼 블루투스 이미지를 터치해준다. 주위에 있는 블루투스 이름들이 나온다. 사용할 모듈을 선택해준다. 〈그림 3-3-73〉

블루투스가 연결되면 Connected라는 글씨가 폰 화면에 나온다. 〈그림 3-3-74〉

블루투스 모듈을 보면 연결되기 이전에 빠르게 깜박이던 엘이디(LED)가 2초에 한 번씩 안정적으로 깜박인다.

그림 3-3-72 블루투스 아이콘 터치

그림 3-3-73 블루투스 모듈 선택

그림 3-3-74 블루투스 연결됨

이제 그림 3-3-75와 같이 on 버튼을 누르면 on이라는 글씨가 스마트폰 윈도
우에 나오고, 동시에 엘이디가 켜진다.

off 버튼을 누르면 off 글씨가 나오며 엘이디가 꺼진다. 〈그림 3-3-76〉

 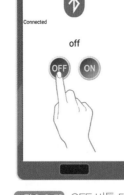

그림 3-3-75 ON 버튼 터치   그림 3-3-76 OFF 버튼 터치

작동하는 회로를 그림 3-3-77에 나타내었다.

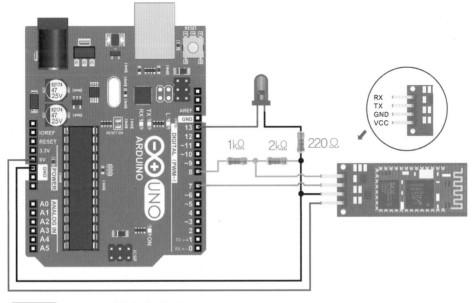

그림 3-3-77 블루투스 엘이디 컨트롤 회로

다음 그림 3-3-78은 그림 3-3-77과 동일 회로로 배터리와 브레드보드를 이용한 회로도이다.

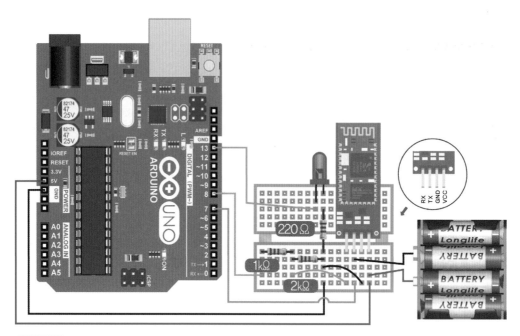

그림 2-3-78 배터리와 브레드보드를 이용한 회로도

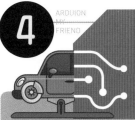

블루투스 무선 자동차 컨트롤 앱 만들기

우리가 만들 앱의 최종 앱 모습이 그림 3-4-1이다.

위에서부터 보면 블루투스 터치 이미지가 있다. 이미지를 터치하여 블루투스와 연결한다.

블루투스가 연결된 상태이어서 Connected라는 글씨가 나온다.

차량의 방향을 컨트롤하기 위하여 상하좌우 4개의 굵은 화살표를 사용하였다.

차량을 정지시키기 위한 버튼은 가운데 있는 빨간색 원 이다.

차량의 속도를 조절하기 위하여 4단계의 속도를 선택할 수 있도록 하였다. 저속인 Low부터 한 단계씩 빠르게 하여 최고 속도인 Max까지 선택할 수 있다.

자, 이제 실제로 만들어 보자.

그림 3-4-1

스마트폰 블루투스 차량 컨트롤 앱

앱 만들고, 자동차 컨트롤

최종적으로 완성시킬 디자이너 창과 블록 코딩이 그림 3-4-2와 그림 3-4-3
이다.

그림 3-4-2 완성한 디자이너 창 모습

```
when ListPicker1 .BeforePicking
do   set ListPicker1 . Elements to   BluetoothClient1 . AddressesAndNames
```

```
when ListPicker1 .AfterPicking
do   set ListPicker1 . Selection to   call BluetoothClient1 .Connect
                                                          address  ListPicker1 . Selection
```

```
when Clock1 .Timer
do   if     BluetoothClient1 . IsConnected
     then   set Label1 . Text to   " Connected "
     else   set Label1 . Text to   " Not Connected "
```

```
when Forward .Click
do   call BluetoothClient1 .SendText
                                  text  " forward "
     set Label2 . Text to   " forward "
```

```
when Back .Click
do   call BluetoothClient1 .SendText
                                  text  " reverse "
     set Label2 . Text to   " reverse "
```

```
when Left .Click
do   call BluetoothClient1 .SendText
                                  text  " left "
     set Label2 . Text to   " left "
```

```
when Right .Click
do   call BluetoothClient1 .SendText
                                  text  " right "
     set Label2 . Text to   " right "
```

```
when Stop .Click
do   call BluetoothClient1 .SendText
                                  text  " stop "
     set Label2 . Text to   " stop "
```

```
when Button1 .Click
do   call BluetoothClient1 .SendText
                                  text  " low "
     set Label2 . Text to   " low "
```

```
when Button2 .Click
do   call BluetoothClient1 .SendText
                                  text  " mid "
     set Label2 . Text to   " mid "
```

```
when Button3 .Click
do   call BluetoothClient1 .SendText
                                  text  " high "
     set Label2 . Text to   " high "
```

```
when Button4 .Click
do   call BluetoothClient1 .SendText
                                  text  " max "
     set Label2 . Text to   " max "
```

그림 3-4-3 완성한 블록 코딩 창 모습

*.text 블록 문자를 입력할 때는 대소문자를 구별해서 써야 한다.

앱 만들고, 자동차 컨트롤

완성된 디자이너 창과 블록 창을 먼저 보인 이유는 어떻게 이미지들이 배열되고 어떤 블록들이 사용되는지를 미리 볼 수 있게 하는 목적이다.

앱에서 이미지로 사용할 그림 파일을 준비하자. 〈그림 3-4-4〉 블루투스 이미지는 256×256 pixel을 사용하였다.

전진을 뜻하는 위쪽 방향 화살 표시와 아래쪽 방향 화살 표시는 크기가 150×220 pixel 정도의 크기로 한다.

왼쪽과 오른쪽 화살 표시는 200×150 pixel 정도면 적당하다.

정지 표시는 180×180 pixel을 사용하였다. 파일의 크기가 책에서 사용한 크기와 같을 필요는 없다.

모양도 독자의 개성에 따라 다양한 모양을 선택해도 된다.

그림 3-4-4
이미지 파일 모음

앱 인벤터를 시작하여 그림 3-4-5와 같이 시작 창을 연다.

맨 위에 있는 프로젝트 메뉴를 클릭하여 세부를 열고, 여기에서 새로운 프로젝트를 시작하라는 Start new project를 선택하면 그림 3-4-6과 같은 프로젝트 이름을 입력할 수 있는 창이 열린다.

Arduino_Blue_Car라고 작명해서 입력해준다.

프로젝트 이름을 쓸 때는 단어 사이에 빈 공간이 없도록 한다.

그림 3-4-5 새로운 프로젝트 시작

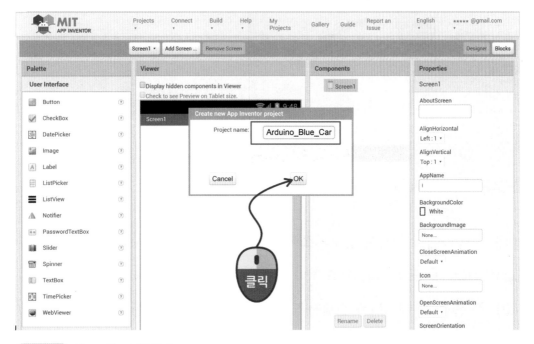

그림 3-4-6 새 프로젝트 이름 주기

앱 만들고, 자동차 컨트롤

왼쪽에 있는 팔레트의 레이아웃 메뉴에서

수평 배열할 수 있는 HorizontalArrangement를 드래그해서 스마트폰 윈도우에 가져다 놓는다〈그림 3-4-7〉.

앞에서 만들었던 앱에서와 같이 블루투스 아이콘을 넣을 장소로 사용하려고 하는 것이다.

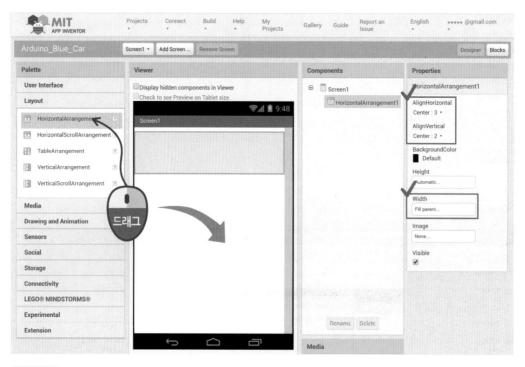

그림 3-4-7 HorizontalArrangement 드래그 및 특성 조정

아이콘이 중앙에 위치하도록 오른쪽에 있는 특성 메뉴에서 AlignHorizontal과 AlignVertical을 모두 Center로 한다.

Width 즉 폭은 스마트폰 폭 전체가 되게 Fill parent로 세팅한다.

팔레트에서 블루투스 아이콘이 들어갈 리스트 픽커를 수평 배열 박스 1
(HorizontalArrangement1) 안에 드래그한다. 〈그림 3-4-8〉

 리스트 픽커 드래그

 앱 만들고, 자동차 컨트롤

그림 3-4-9의 특성 창에서 ListPicker 안의 이미지를 선택하고, 파일을 업로 드 하라는 창이 나오면 만들어 두었던 이미지 창에 있는 bluetooth_icon 이미 지를 선택한다. 〈그림 3-4-10〉

그림 3-4-9 이미지 선택

그림 3-4-10 블루투스 이미지 선택

이미지가 리스트 픽커 안에 들어간 모습이 그림 3-4-11인데 너무 큰 공간을 차지하고 있다.

적당한 사이즈가 되게 조정하여야 한다.

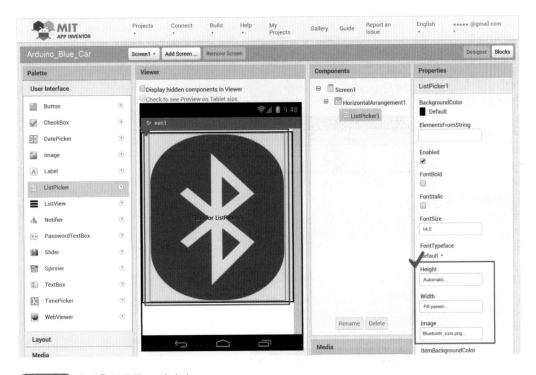

그림 3-4-11 들어온 블루투스 이미지

오른쪽에 있는 특성 세팅에서 리스트 피커의 Height를 50 pixel, Width를 50 pixel로 하면 그림 3-4-12처럼 이미지가 작게 조정된다.

이때 Text를 지워 화면에 글씨가 나타나지 않도록 한다.

그림 3-4-12 리스트 피커 특성 조정

블루투스 연결 상태를 나타내는 글씨 쓰는 장소를 만들기 위하여 팔레트에서 레이블을 스마트폰 윈도우로 드래그한다.

위치는 수평 배열 박스1 아래이다〈그림 3-4-13〉.

이곳은 블루투스 연결 상태를 알려주는 텍스트가 나오도록 하려는 것이다.

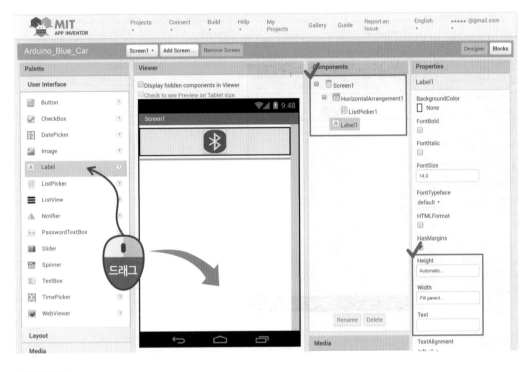

그림 3-4-13　레이블 드래그

컴포넌츠(Components)에서 보면 리스트 픽커1은 수평배열 박스1 안에 있고, 레이블 1은 박스 바깥에 있다는 것을 알 수 있다.

레이블1의 Width를 Fill parent로 하고 Text는 지운다.

방향 표시 화살표와 정지 버튼을 배열하기 위하여 테이블에서처럼 가지런하게 배치시킬 수 있는 TableArrangement를 드래그하여 스마트폰 윈도우로 가져간다. 〈그림 3-4-14〉

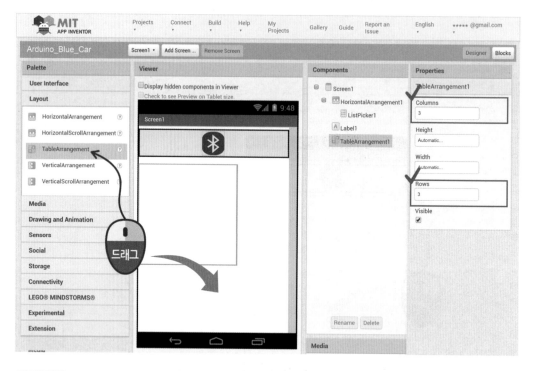

그림 3-4-14 TableArrangement 드래그

3칸 3줄로 배치할 수 있도록 특성 창에서 Columns를 3, Rows를 3으로 세팅한다.

그림 3-4-15처럼 팔레트에서 화살 표시 이미지를 넣을 버튼을 스마트폰 윈도
우로 가져간다.

그림 3-4-15 버튼 왼쪽 특성 조정

특성에서 Height 100 pixel, Width 33%, image는 왼쪽 화살표 선택하고 Text
는 지운다.

버튼을 여러 개 사용할 것이어서 판별하기 쉽게 Rename을 클릭하여 첫 번째 버튼의 이름을 Left로 변경한다. 〈그림 3-4-16〉

이름은 독자가 인식하기 편리한 어떤 명칭이라도 된다.

그림 3-4-16 버튼 왼쪽 이름 변경

그림 3-4-17처럼 두 번째 버튼을 TableArrangement의 오른쪽 가운데에 위치시킨다.

그림 3-4-17 버튼 오른쪽 특성 조정

특성에서 Height 100 pixel, Width 33%, image는 오른쪽 화살표 선택하고 Rename에서 이름은 Right로 변경하고 Text는 지운다.

그림 3-4-18처럼 아래 방향 화살표를 넣기 위한 버튼을 테이블 하단의 중앙에 위치시킨다.

그림 3-4-18 버튼 아래쪽 특성 조정

특성에서 Height 100 pixel, Width 33%. image는 아래쪽 화살표 선택하고 이름은 Back으로 변경하고 Text는 지운다.

정지 표시를 넣기 위한 버튼을 테이블 중앙에 위치시킨다.〈그림 3-4-19〉

그림 3-4-19 정지 표시 특성 조정

특성에서 Height 100 pixel, Width 33%, image는 빨간색 원을 선택하고 이름은 Stop으로 변경하고 Text는 지운다.

그림 3-4-20처럼 전진 방향 화살표를 넣기 위한 버튼을 테이블 상단의 중앙에 위치시킨다.

그림 3-4-20 전진 표시 특성 조정

특성에서 Height 100 pixel, Width 33%, image는 위쪽 표시를 선택하고 이름 은 Forward로 변경하고 Text는 지운다.

방향과 정지, 즉 자동차의 핸들과 브레이크에 해당하는 아이콘은 완성되었다.

선택한 속도를 표시하기 위하여 팔레트에서 Label을 스마트폰 윈도우에 가져가
간다. 〈그림 3-4-21〉

그림 3-4-21 레이블 드래그 및 특성 조정

특성에서 Width를 Fill parent로 하고 Text는 지운다.

앱 만들고, 자동차 컨트롤

속도 선택 버튼들을 넣을 HorizontalArrangement를 스마트폰 윈도우에 가져
간다. 〈그림 3-4-22〉

그림 3-4-22 HorizontalArrangement 드래그 및 특성 조정

특성에서 Width를 Fill parent로 한다.

저속 선택으로 사용할 Button을 스마트폰 윈도우의 수평 배열 박스 2 안에 가져간다. 〈그림 3-4-23〉

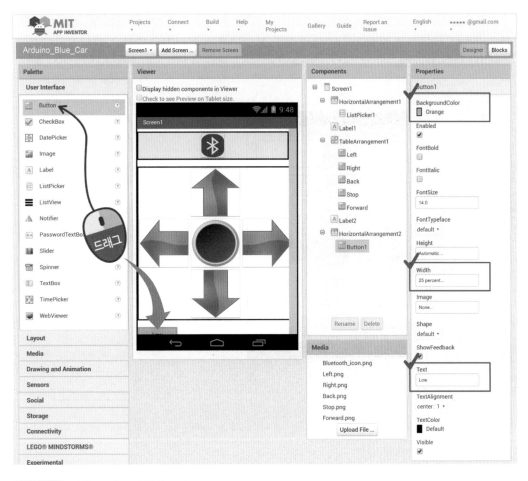

그림 3-4-23 버튼1 드래그 및 특성 조정

특성에서 BackgroundColor를 Orange로 선택하고 Width는 25%, Text에는 Low라고 입력한다.

이어서 중간 속도 선택 시 사용할 두 번째 Button을 스마트폰 윈도우의 수평 배열 박스 2 안에 가져간다. 〈그림 3-4-24〉

그림 3-4-24 버튼2 드래그 및 특성 조정

특성에서 BackgroundColor를 Yellow로 선택하고 Width는 25%, Text에는 Mid라고 입력한다.

고속 선택 시 사용할 세 번째 Button을 팔레트에서 스마트폰 윈도우의 수평 배열 박스 2 안에 가져간다. 〈그림 3-4-25〉

그림 3-4-25 버튼3 드래그 및 특성 조정

특성에서 BackgroundColor를 Green으로 선택하고 Width는 25%, Text에는 High라고 입력한다.

속도 선택 마지막 버튼인 최고 속도를 나타낼 네 번째 Button을 스마트폰 윈도
우의 수평 배열 박스 2 안에 가져간다. 〈그림 3-4-26〉

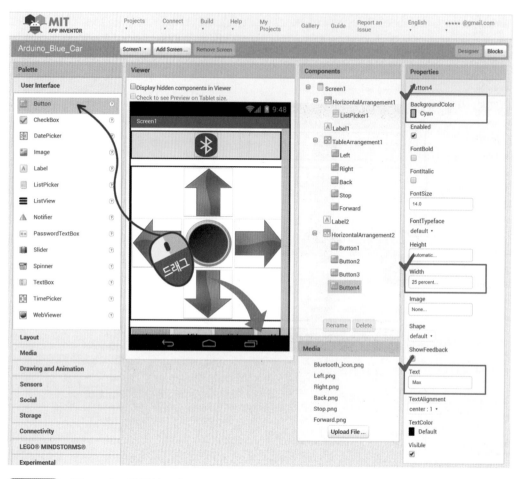

그림 3-4-26 버튼4 드래그 및 특성 조정

특성에서 BackgroundColor를 Cyan으로 선택하고 Width는 25%, Text에는
Max라고 입력한다. 〈그림 3-4-26〉

속도 선택 버튼이 이제 완성되었다.

블루투스 연결 시간을 조정하기 위한 Clock을 스마트폰 윈도우에 가져가면 아래에 아이콘이 생긴다. 〈그림 3-4-27〉

특성에서 TimeInterval은 기본인 1000밀리초이다.

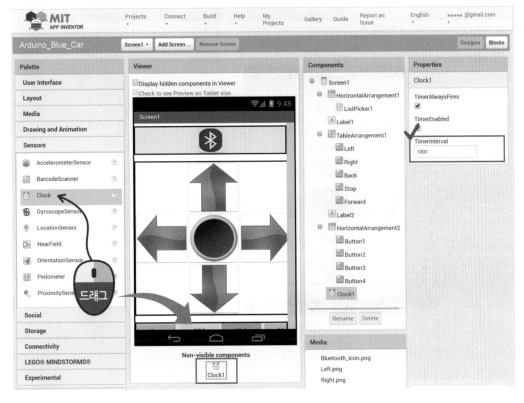

그림 3-4-27 Clock 드래그 및 특성 조정

블루투스 연결을 위한 BluetoothClient를 스마트폰 윈도우에 가져가면 아래에
아이콘이 생긴다. 〈그림 3-4-28〉

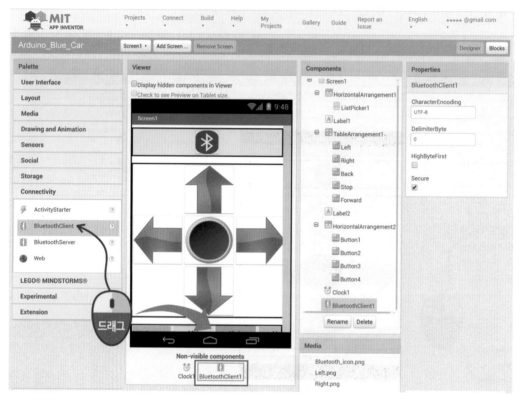

그림 3-4-28 BluetoothClient 드래그

이것으로 디자이너 창은 완성이다.

스마트폰 앱 만들고 자동차 컨트롤하기

블록 메뉴를 클릭하여 코딩을 시작하자. 〈그림 3-4-29〉

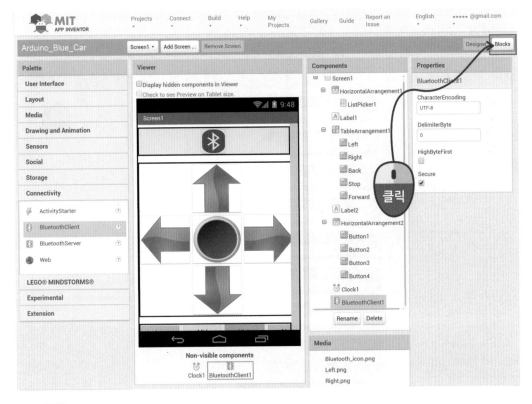

그림 3-4-29 블록 창 선택

앱 만들고, 자동차 컨트롤

217

주위에 있는 블루투스 기기들의 이름과 주소를 스마트폰 화면에서 보기 위하여
ListPicker1을 클릭하여 세부 블록을 열고 BeforePicking을 드래그한다. 〈그림
3-4-30〉

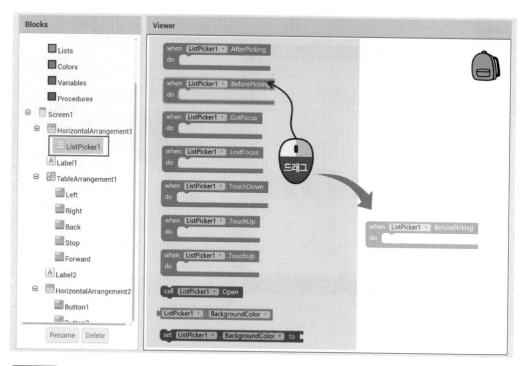

그림 3-4-30 BeforePicking 드래그

화면에 나타나는 엘리먼트들을 연결시키기 위하여 ListPicker1을 한 번 더 클릭하여 세부 블록을 열고 set ListPicer1 Elements to를 드래그한다. 〈그림 3-4-31〉

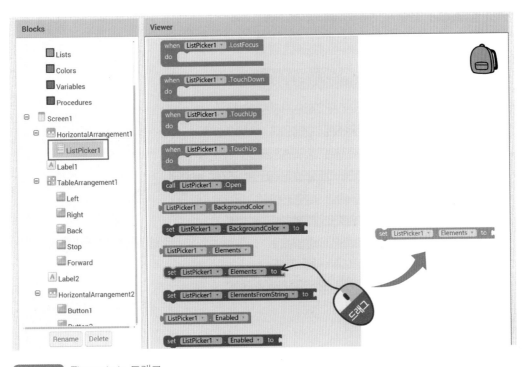

그림 3-4-31 Elements to 드래그

BluetoothClient1을 클릭하여 세부 블록을 열고 연결할 주소와 이름을 나타낼
AddressAndNames를 드래그한다. 〈그림 3-4-32〉

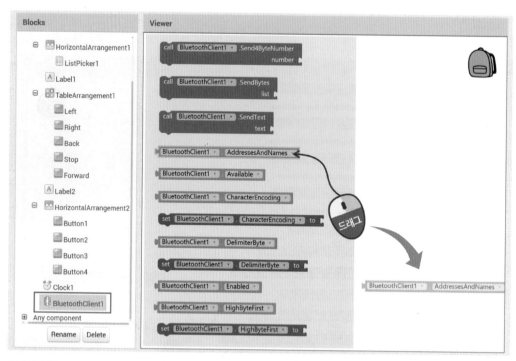

그림 3-4-32 AddressAndNames 드래그

드래그한 블록들을 그림 3-4-33처럼 합체한다.

그림 3-4-33 블록 합체

스마트폰 화면에서 아이콘(블루투스)을 터치했을 때 블루투스를 연결시키는 작
업을 위하여 ListPicker1을 클릭하여 세부 블록을 열고 AfterPicking을 드래그
한다. 〈그림 3-4-34〉

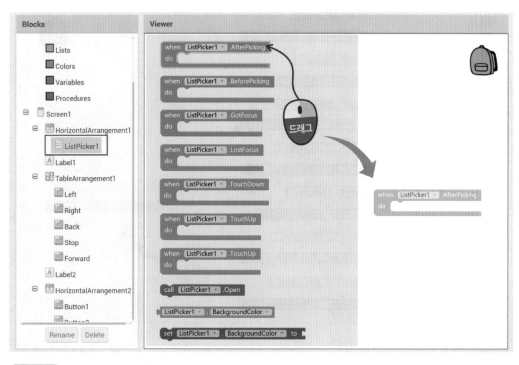

그림 3-4-34 AfterPicking 드래그

ListPicker1을 한 번 더 클릭하여 세부 블록을 열고 선택하기 위한 Selection to 를 드래그한다. 〈그림 3-4-35〉

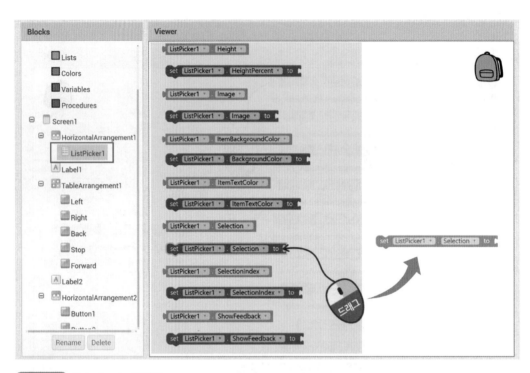

〈그림 3-4-35〉 Selection to 드래그

연결할 기기의 블루투스 주소를 알려 주기 위하여 BluetoothClient1을 클릭하여 세부 블록을 열고 Connect address를 드래그한다. 〈그림 3-4-36〉

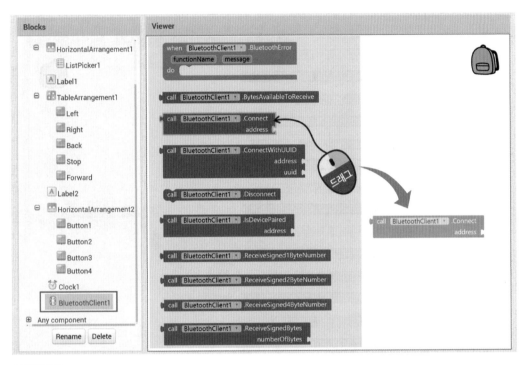

그림 3-4-36 Connect address 드래그

ListPicker1을 클릭하여 세부 블록을 열고 리스트 픽커1이 선택한 주소를 사용

하라는 ListPicker1 Selection을 드래그한다. 〈그림 3-4-37〉

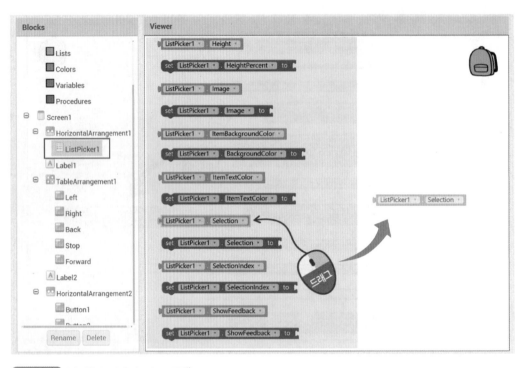

그림 3-4-37 ListPicker1 Selection 드래그

ListPicker1 액션 블록들이 합체된 모습이 그림 3-4-38이다.

그림 3-4-38 블록 합체

블루투스 연결 시도 시간을 설정하기 위하여 팔레트에서 Clock1을 클릭하여 세부 블록을 열고 Timer를 드래그한다. (그림 3-4-39)

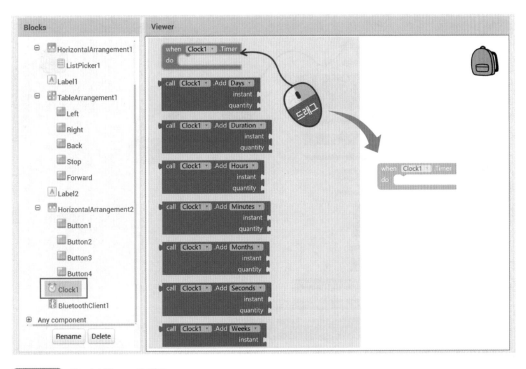

그림 3-4-39 Clock1 Timer 드래그

블루투스 연결 여부를 판단하기 위하여 Control 메뉴에서 조건문인 if then 블록을 클릭하여 드래그한다. 〈그림 3-4-40〉

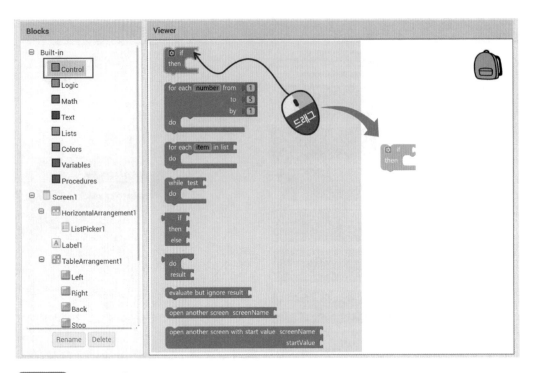

그림 3-4-40 if then 드래그

그림 3-4-41처럼 톱니 모양의 아이콘을 클릭하면 세부 선택 2개가 나온다. else를 그림 3-4-42처럼 if 블록 안쪽에 위치시키면 if then else로 변한다.

그림 3-4-41 if then 블록 세부 메뉴

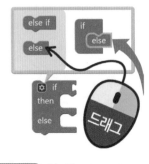

그림 3-4-42 컨트롤 if then else

BluetoothClient1을 클릭하여 세부 블록을 열어 연결되었음을 나타내는
IsConnected를 드래그한다. 〈그림 3-4-43〉

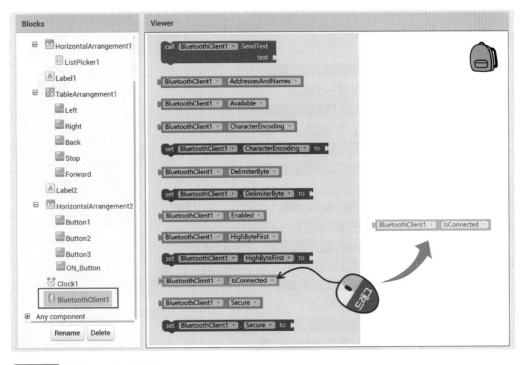

그림 3-4-43 IsConnected 드래그

스마트폰 화면에 글씨로 나타내기 위하여 Label1을 클릭하여 세부 블록을 열고
Text to를 드래그한다. 〈그림 3-4-44〉

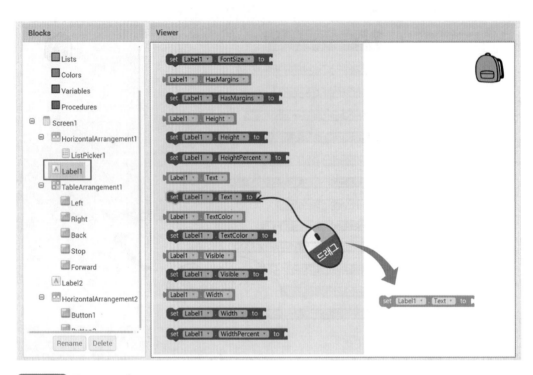

그림 3-4-44 Text to 드래그

나타낼 글씨를 입력하기 위하여 Text 메뉴를 클릭하여 세부 블럭을 열고 빈 텍스트 블록을 드래그한다. 〈그림 3-4-45〉

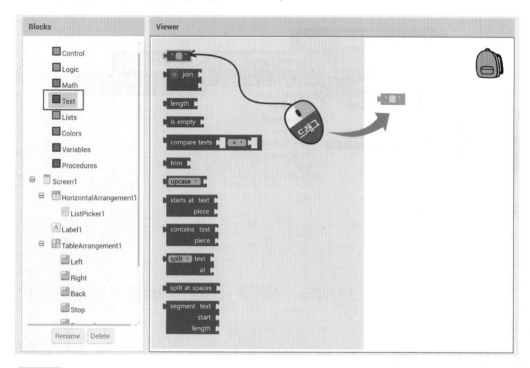

그림 3-4-45 빈 텍스트 블록 드래그

그림 3-4-46처럼 드래그한 블록들을 합체하고, Text 블록에는 Connected라는 단어를 입력한다.

그림 3-4-46 블록 합체

앱 만들고, 자동차 컨트롤

그림 3-4-47과 같이 Clock1 Timer 안에 있는 set Lable1을 마우스 오른쪽을 클릭하여 복제한다.

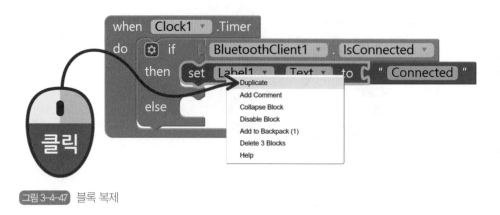

그림 3-4-47 블록 복제

복제된 블록을 Not Connected라고 수정하고 else 앞에 합체한다. 〈그림 3-4-48〉

```
when  Clock1  .Timer
do    if    BluetoothClient1  . IsConnected
      then   set  Label1  . Text  to  " Connected "
      else   set  Label1  . Text  to  " Not Connected "
```

그림 3-4-48 복제 블록 수정

블루투스가 연결되면 Connected라는 글씨가 라벨에 나오고 그렇지 않으면 Not Connected라고 나오게 하는 블록 코딩이다.

블루투스 연결과 관련된 코딩은 완료되었다, 이제는 마지막 파트인 자동차의 진행 방향과 속도에 대한 코딩을 할 차례이다.

후진 방향으로 진행시키는 코딩을 하기 위하여 팔레트에서 우리가 만든 Back을 클릭하여 세부 블록을 열고 When Click을 드래그한다. 〈그림 3-4-49〉

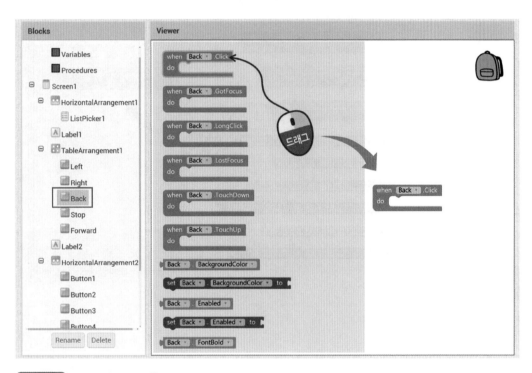

그림 3-4-49 When Click 드래그

스마트폰에서 블루투스 모듈로 보낼 데이터를 넣기 위하여 BluetoothClient1을 클릭하여 세부 블록을 열고 SendText를 드래그한다. 〈그림 3-4-50〉

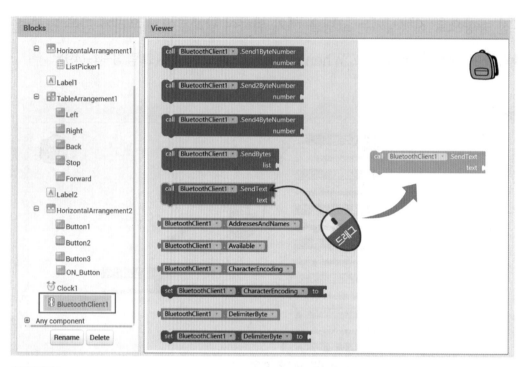

그림 3-4-50 SendText 드래그

블루투스 모듈로 보낸 내용을 스마트폰 화면에도 나타내기 위하여 그림 3-4-
51과 같이 팔레트의 Label2를 클릭하여 세부 블록을 열고 Text to 블록을 드래
그한다.

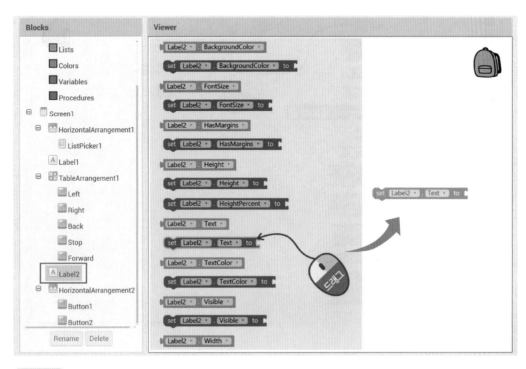

그림 3-4-51 Text to 드래그

팔레트에서 Text 메뉴를 클릭하여 세부 블록을 열고 빈 텍스트 블록을 드래그한다. 〈그림 3-4-52〉

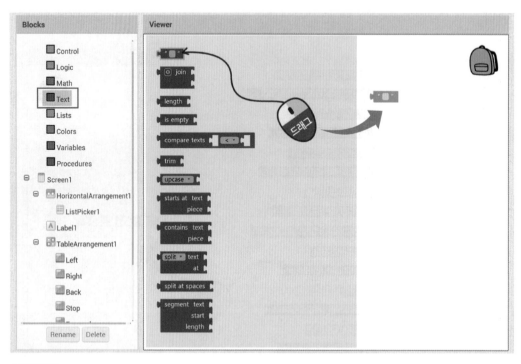

그림 3-4-52 빈 텍스트 블록 드래그

그림 3-4-53과 같이 빈 텍스트 블록을 Back Click 블록에 합체하고 뒤로 진행하는 후진임을 알려주는 reverse라고 입력하였다.

여기에 쓰인 reverse라는 단어는 아두이노 스케치에 사용한 단어와 같아야 한다.

```
when  Back ▾ .Click
do    call  BluetoothClient1 ▾ .SendText
                              text  "  reverse  "
      set  Label2 ▾ . Text ▾ to  "  reverse  "
```

그림 3-4-53 reverse 입력

전진 방향 코딩을 비롯한 나머지 코딩들은 앞의 후진 방향 코딩 블록을 활용하여 쉽게 만들 수 있다.

전진 코딩은 Back Click 블록을 복제한다. 〈그림 3-4-54〉

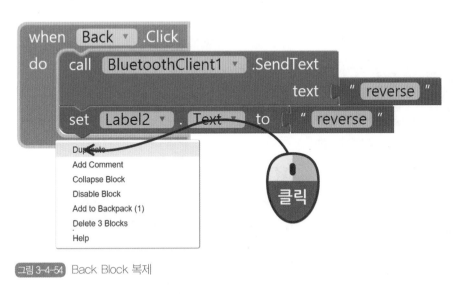

그림 3-4-54 Back Block 복제

복제된 블록 코딩 모습이 그림 3-4-55이다.

그림 3-4-55 복제된 블록

Back 옆에 있는 역삼각형을 클릭하여 Forward를 선택하고 텍스트 블록의
reverse를 forward로 수정한다. 〈그림 3-4-56〉

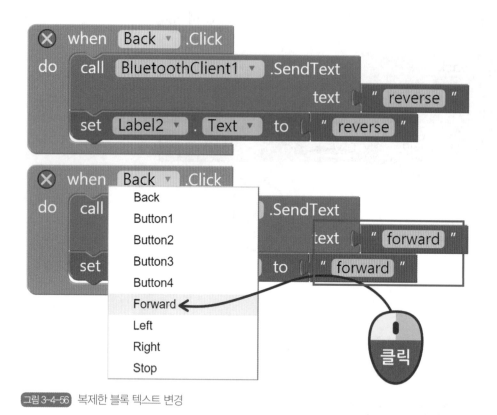

그림 3-4-56 복제한 블록 텍스트 변경

같은 방법으로 left, right, stop 블록을 만든다. 〈그림 3-4-57〉

```
when  Forward ▾ .Click
do    call  BluetoothClient1 ▾ .SendText
                                 text   " forward "
      set  Label2 ▾ . Text ▾  to  " forward "
```

```
when  Back ▾ .Click
do    call  BluetoothClient1 ▾ .SendText
                                 text   " reverse "
      set  Label2 ▾ . Text ▾  to  " reverse "
```

```
when  Left ▾ .Click
do    call  BluetoothClient1 ▾ .SendText
                                 text   " left "
      set  Label2 ▾ . Text ▾  to  " left "
```

```
when  Right ▾ .Click
do    call  BluetoothClient1 ▾ .SendText
                                 text   " right "
      set  Label2 ▾ . Text ▾  to  " right "
```

```
when  Stop ▾ .Click
do    call  BluetoothClient1 ▾ .SendText
                                 text   " stop "
      set  Label2 ▾ . Text ▾  to  " stop "
```

그림 3-4-57 만들어진 블록들

앱 만들고, 자동차 컨트롤

자동차 속도를 선택하는 Button1~Button4도 같은 방법으로 복제하고 명칭을
선택하여 만든다. 〈그림 3-4-58〉

```
when  Button1 ▾ .Click
do    call  BluetoothClient1 ▾ .SendText
                              text  " low "
      set  Label2 ▾ . Text ▾  to  " low "
```

```
when  Button2 ▾ .Click
do    call  BluetoothClient1 ▾ .SendText
                              text  " mid "
      set  Label2 ▾ . Text ▾  to  " mid "
```

```
when  Button3 ▾ .Click
do    call  BluetoothClient1 ▾ .SendText
                              text  " high "
      set  Label2 ▾ . Text ▾  to  " high "
```

```
when  Button4 ▾ .Click
do    call  BluetoothClient1 ▾ .SendText
                              text  " max "
      set  Label2 ▾ . Text ▾  to  " max "
```

그림 3-4-58 만들어진 스피드 블록들

완성된 전체 블록 코딩이 그림 3-4-59이다.

큰 블록으로 처음 3개는 블루투스 연결을 위한 블록이다.

그 다음 Forward부터 Stop까지 5개는 방향 컨트롤 블록이다. Button1부터
Button4까지 4개는 속도 선택 블록들이다.

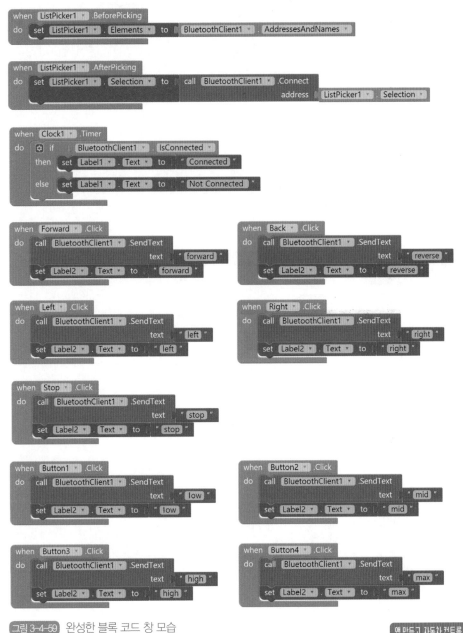

그림 3-4-59 완성한 블록 코드 창 모습

앱 만들고,자동차 컨트롤

컴퓨터에서 만든 앱을 스마트폰에서 받기 위하여 Build 메뉴에서 QR 코드 생성을 선택한다. 〈그림 3-4-60〉

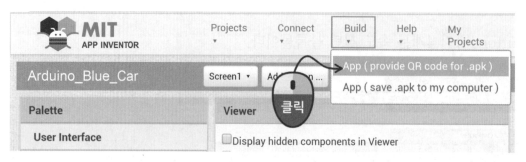

그림 3-4-60 QR 코드 생성

그림 3-4-61은 컴퓨터에서 앱을 구성하는 컴파일 과정을 보여 준다.

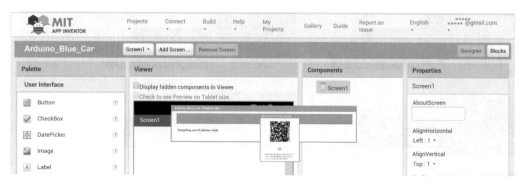

그림 3-4-61 컴파일 과정

그림 3-4-62처럼 스마트폰에 다운받은 MIT AI2 Companion 앱을 활성화시키고, 그림 3-4-63과 같이 열린 창에서 scan QR code를 터치하여 앱을 스마트폰에 설치한다.

그림 3-4-62 MIT AI2 Companion 선택

그림 3-4-63 scan QR code 선택

97쪽에 있는 그림 2-6-1 블루투스 자동차 스케치를 업로드한다. 이 스케치는 http://cafe.naver.com/arduinofun을 방문하여 다운로드 할 수 있다.

토글스위치를 ON 방향으로 하여 자동차의 시동을 건다.

앱 만들고, 자동차 컨트롤

스마트폰에서 설치 완료된 앱을
터치한다. 〈그림 3-4-64〉
스마트폰 화면에 있는 블루투스
이미지를 클릭하여 연결할 블루
투스를 찾는다. 〈그림 3-4-65〉

그림 3-4-64

앱 선택

그림 3-4-65

블루투스 아이콘 터치

그림 3-4-66과 같이 내가 사용
하는 블루투스 모듈인 HC-06를
터치하여 연결한다.
블루투스가 연결되었으니, 자동
차를 컨트롤 하며 즐길 차례이다.
〈그림 3-4-67〉

그림 3-4-66

블루투스 모듈 선택

그림 3-4-67

블루투스 연결

이제 블루투스는 내 손끝에!!

앱 만들고, 자동차 컨트롤